国家示范性高等职业院校优质核心课程改革教材

砌体结构施工与组织管理

主　编　孟锦根　王　冲
主　审　郑新德

人民交通出版社

内 容 提 要

本书是国家示范性高等职业院校优质核心课程改革教材。本书选取两个不同的结构工程为贯穿项目，按项目工作程序设计了砖基础施工、砖砌体结构主体施工、砌块与石砌体结构施工、填充墙施工四个学习情境。

本书主要供高等职业技术院校建筑工程技术专业教学使用，也可用作相关技术人员的参考用书。

图书在版编目（CIP）数据

砌体结构施工与组织管理 / 孟锦根，王冲主编. --北京：人民交通出版社，2011.7

国家示范性高等职业院校优质核心课程改革教材

ISBN 978-7-114-09215-2

Ⅰ.①砌…　Ⅱ.①孟…②王…　Ⅲ.①砌体结构－工程施工－高等职业教育－教材②砌体结构－工程施工－施工管理－高等职业教育－教材　Ⅳ.①TU36

中国版本图书馆 CIP 数据核字（2011）第 117942 号

书　　名：国家示范性高等职业院校优质核心课程改革教材
砌体结构施工与组织管理

著 作 者：孟锦根　王　冲

责任编辑：戴慧莉

出版发行：人民交通出版社

地　　址：（100011）北京市朝阳区安定门外外馆斜街 3 号

网　　址：http://www.ccpress.com.cn

销售电话：（010）59757969，59757973

总 经 销：人民交通出版社发行部

经　　销：各地新华书店

印　　刷：北京市密东印刷有限公司

开　　本：787 × 1092　1/16

印　　张：9.75

字　　数：229 千

版　　次：2011 年 7 月　第 1 版

印　　次：2012 年 6 月　第 1 版　第 2 次印刷

书　　号：ISBN 978-7-114-09215-2

定　　价：27.00 元

序 *Xu*

为贯彻教育部、财政部《关于实施国家示范性高等职业院校建设计划，加快高等职业教育改革与发展的意见》（教高【2006】14 号）和《关于全面提高高等职业教育教学质量的若干意见》（教高【2006】16 号）精神，作为国家示范性高等职业院校建设单位，我院从 2007 年开始组织探索如何设计开发既能体现职业教育类型特点，又能满足高等教育层次需求的专业课程体系和教学方法。三年来，我们先后邀请了多名国内外职业教育专家，组织进行了现代职业技术教育理论系统学习和职业技术教育课程开发方法系统的培训；在课程开发专家团队指导下，按照“行业分析，典型工作任务，行动领域，学习领域”的开发思路，以职业分析为依据，以培养职业行动能力为核心，对传统的学科式专业课程进行解构和重构，形成了以学习领域课程结构为特征的专业核心课程体系；与企业专业技术人员共同组成课程开发团队，按照企业全程参与的建设模式、基于工作过程系统化的建设思路，完成了 10 个重点建设专业（4 个为中央财政支持的重点建设专业）核心课程的学材、电子资源、试题库、网络课程和生产问题资源库等内容的建设和完善，在课程建设方面取得了丰厚的成果。

对示范院校建设工程而言，重点专业建设是龙头；在专业建设项目中，课程建设是关键。职业教育的课程改革是一项长期艰苦的工作，它不是片面的课程内容的解构和重构，必须以人才培养模式创新为核心，实训条件的改善、实训项目的开发、教学方法的变革、双师结构教师团队的建设等一系列条件为支撑。三年来，我们以课程改革为抓手，力图实现全面的建设和提升；在推动课程改革中秉承“片面地借鉴，不如全面地学习”，全面地学习和借鉴，认真地研究和实践；始终追求如何在课程建设方面做出中国特色，做出四川特色，做出交通特色。

历经 1 000 多个日日夜夜的辛劳，面对包含了我们教师团队心血，即将破茧的课程建设成果的陆续出版，感到几分欣慰；面对国际日益激烈的经济的竞争，面对我国交通现代化建设的巨大需求，感到肩上的压力倍增。路漫漫其修远兮，吾将上下而求索！希望更多的人来加入我们这个团结、奋进、开拓、进取的团队，取得更多更好的成果。

在这些教材的编写过程中，相关企业的专家给予了很多的支持与帮助，在此谨表示衷心的感谢！

四川交通职业技术学院院长

前　言

砌体结构施工与组织管理是建筑工程技术专业的一门核心课程，其目标是在让学生掌握砌体结构识图能力的基础上，培养学生具有组织砌体施工准备的能力、砌体工程施工操作的能力、指导砌体施工和质量控制管理的能力，以及运用国家现行的《砌体工程施工质量验收规范》（GB 50203—2002）等相关规范进行工程质量验收的能力。

本书依据实践专家访谈会和广泛的社会调研，以建筑工程技术领域岗位群形成典型工作任务，并结合《砌体工程施工质量验收规范》（GB 50203—2002）和《建筑工程施工质量验收统一标准》（GB 50300—2001）等相关标准规范的内容要求，打破以知识传授为主要特征的传统学科课程模式，转变为以工作任务为中心组织课程内容，让学生在完成具体项目的过程中学会完成相应工作任务，并构建相关理论知识，培养职业能力。教学内容以建筑工程生产一线的资料员、造价员、施工员、安全员、监理员等岗位的工作任务为依据，突出对学生职业能力的训练，理论知识的选取紧紧围绕工作任务完成，同时又充分考虑了对理论知识学习的需要。

通过任务引领的项目活动，学生在教师指导下借助标准、技术规范、资料、文献等，能结合工程实例，完成砌体结构工程施工管理的工作。并能依据工程实际情况和质量验收标准编制施工方案及施工组织设计，对施工中出现的问题，能够分析原因并提出解决方案。

全书包括四个学习情境，即砖基础施工、砖砌体结构主体施工、砌块与石砌体结构施工及填充墙施工。每个学习情境均结合工程实际项目，按照施工组织管理的过程来进行模拟仿真现场教学，以项目任务来推动学生“在做中学，在学中做”。

全书由孟锦根和王冲共同主编并负责全书统稿及修改，由四川交通职业技术学院的注册房建一级建造师、高级工程师、副教授郑新德主审。其中学习情境一、学习情境四由四川交通职业技术学院孟锦根编写，学习情境二、学习情境三由四川交通职业技术学院王冲编写。

本书编写过程中参考了相关文献资料，在此向各文献资料的编著者表示感谢。

由于编者水平有限，疏漏之处在所难免，敬请读者批评指正。

编　者

2011年5月

目　录

学习情境一　砖基础施工

任务单元一　砖基础施工准备

一、任务描述

将学生按 6 人一组进行分组,以小组为单位,各小组成员共同完成任务。

现有某砖混结构建筑的砖基础工程,根据本书附录一中的基础施工图,完成砖基础工程的施工准备工作,包括根据计算出的砖基础工程量来确定所需材料、机具和劳动力的需求计划,填写相关表格;完成作业条件的检查验收,材料的进场检验并填写相关验收记录表。

二、学习目标

通过本任务的学习,你应当能:

1. 根据工程图纸及相关资料准确计算砖基础工程量;
2. 根据工程量确定所需材料、机具和劳动力的需求计划;
3. 对砖基础所需材料,进行进场验收并填写建筑材料报审表。

三、学习准备

(一)基本概念

1. 砖的基本知识

1)烧结砖

以黏土、页岩、煤矸石、粉煤灰等为主要原材料,经成型、焙烧而成的块状墙体材料称为烧结砖。烧结砖按其孔洞率(砖面上孔洞总面积占砖面积的百分率)的大小分为烧结普通砖(没有孔洞或孔洞率小于 15% 的砖)、烧结多孔砖(孔洞率大于或等于 15% 的砖,其中孔的尺寸小而数量多)和烧结空心砖(孔洞率大于或等于 35% 的砖,其中孔的尺寸大而数量少)。

(1)烧结普通砖

烧结普通砖是指以黏土、粉煤灰、页岩、煤矸石为主要原材料,经过成型、干燥、入窑焙烧、冷却而成的实心砖。《国务院办公厅关于进一步推进墙体材料革新和推广节能建筑的通知》中明确,为了“推进墙体材料革新和推广节能建筑,有效保护耕地和节约能源”,要求“到 2010 年年底,所有城市禁止使用实心黏土砖,全国实心黏土砖年产量控制在 4 000 亿块以下”。

(2)烧结多孔砖(图 1-1)

随着墙体材料逐渐向轻质化、多功能方向发展,近年来逐渐推广和使用多孔砖和空心砖,一方面可减少 20% ~30% 的黏土消耗量,节约耕地;另一方面,墙体的自重至少减轻 30% ~35%,降低造价近 20%,保温隔热性能和吸声性能也有较大提高。

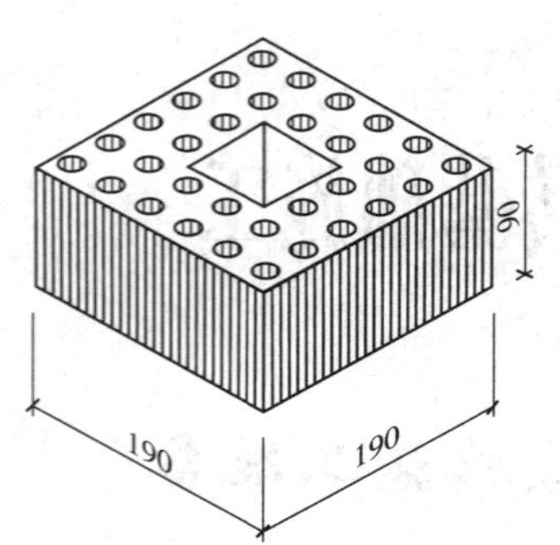

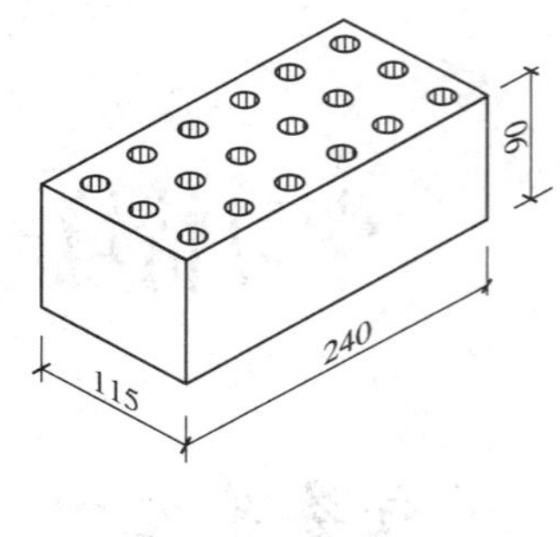

图 1-1　烧结多孔砖（尺寸单位：mm）

2）非烧结砖

不经焙烧而制成的砖均为非烧结砖，如碳化砖、免烧免蒸砖、蒸养（压）砖等。目前，应用较广的是蒸养（压）砖。这类砖是以含钙材料（石灰、电石渣等）和含硅材料（砂子、粉煤灰、煤矸石灰渣、炉渣等）与水拌和，经压制成型，在自然条件或人工水热合成条件（蒸养或蒸压）下，反应生成以水化硅酸钙、水化铝酸钙为主要胶结料的硅酸盐建筑制品。主要品种有灰砂砖、粉煤灰砖、炉渣砖等。

（1）蒸压灰砂砖

蒸压灰砂砖（LSB）是以石英为原料（也可加入着色剂或掺合剂），经配料、拌和、压制成型和蒸压养护（175 ~ 191℃，0.8 ~ 1.2MPa 的饱和蒸汽）而制成的。用料中石灰约占10% ~20%。

（2）蒸压（养）粉煤灰砖（图 1-2）

粉煤灰砖是利用电厂废料粉煤灰为主要原料，掺入适量的石灰和石膏或再加入部分炉渣等，经配料、拌和、压制成型、常压或高压蒸汽养护而制成的实心砖。

图 1-2　粉煤灰及粉煤灰砖

（3）炉渣砖

炉渣砖是以煤燃烧后的炉渣（煤渣）为主要原料，加入适量的石灰或电石渣、石膏等材料混合、搅拌、成型、蒸汽养护等而制成的砖。

2. 砂浆的基本知识

建筑砂浆是由胶结料、细骨料（骨料又称集料）、掺加料和水按适当比例配制而成的一种复合型建筑材料。在砖石结构中，砂浆可以把单块的砖、石块以及砌块胶结起来，构成砌体。砖墙勾缝和大型墙板的接缝也要用砂浆来填充。墙面、地面及梁柱结构的表面都需要用砂浆抹面，以起到保护结构和装饰的效果。镶贴大理石、贴面砖、瓷砖、马赛克以及制作水磨石等都要使用砂浆。此外，还有一些绝热、吸声、防水、防腐等特殊用途的砂浆以及专门用于装饰方面的装饰砂浆。

根据砂浆中胶凝材料的不同，可分为水泥砂浆、石灰砂浆、石膏砂浆和混合砂浆。混合砂浆有水泥石灰砂浆、水泥黏土砂浆和石灰黏土砂浆等。根据用途，砂浆可分为砌筑砂浆、抹面砂浆、装饰砂浆及特种砂浆等。

用于砌筑砖、石、砌块等砌体工程的砂浆称为砌筑砂浆。它起着黏结砌块、构筑砌体、传递荷载和提高墙体使用功能的作用，是砌体的重要组成部分。

砌筑砂浆由以下材料组成：

(1)水泥

常用品种的水泥都可以用来配制砌筑砂浆。为了合理利用资源、节约原材料，在配制砂浆时要尽量采用强度较低的水泥或砌筑水泥。对于一些有特殊用途的水泥，如配制构件的接头、接缝或用于结构加固、修补裂缝，应采用膨胀水泥。水泥的强度等级一般为砂浆强度等级的4.0～5.0倍，常用强度等级为32.5、32.5R。

(2)细骨料

砂浆中所用的细骨料主要为天然砂，它应符合混凝土用砂的技术要求。由于砂浆层较薄，故对砂子最大粒径有所限制。毛石砌体用砂宜选用粗砂，其最大粒径应小于砂浆层厚度的1/5～1/4；砖砌体以使用中砂为宜，粒径不得大于2.5mm；光滑的抹面及勾缝的砂浆则应采用细砂。砂的含泥量对砂浆的强度、变形性、稠度及耐久性影响较大。M5以上的砂浆，砂中含泥量不应大于5%；M5以下的水泥混合砂浆，砂中含泥量可大于5%，但不应超过10%。若采用人工砂、山砂、炉渣等作为骨料配制砂浆，应根据经验或经试配而确定其技术指标。

(3)拌和用水

砂浆拌和水的技术要求与混凝土拌和水相同，应选用无杂质的洁净水来拌制砂浆。

(4)掺和料

掺和料是指为了改善砂浆的和易性而加入的无机材料。常用的掺和料有石灰膏、黏土膏、电石膏、粉煤灰以及一些其他工业废料等。为了保证砂浆的质量，需将石灰预先充分"陈伏"熟化制成石灰膏，然后再掺入砂浆中搅拌均匀。如采用生石灰粉或消石灰粉，则可直接掺入砂浆搅拌均匀后使用。当利用其他工业废料或电石膏等作为掺和料时，必须经过砂浆的技术性质检验，在不影响砂浆质量的前提下才能够采用。

(5)外加剂

为改善或提高砂浆的某些技术性能，更好地满足施工条件和使用功能的要求，可在砂浆中掺入一定种类的外加剂。对所选择的外加剂品种和掺量必须通过试验来确定。

(二)知识要点

1. 砖的技术性质

1)烧结砖

(1)烧结普通砖

烧结普通砖的技术性质包括：规格尺寸、强度等级、抗风化性能、泛霜和石灰爆裂、质量等级。

烧结普通砖的尺寸规格是240mm×115mm×53mm。其中240mm×115mm面称为大面，240mm×53mm面称为条面，115mm×53mm面称为顶面。在砌筑时，4块砖长、8块砖宽、16块砖厚，再分别加上砌筑灰缝(每个灰缝宽度为8～12mm，平均取10mm)，其长度均为1m。理论上，$1m^3$的砖砌体大约需用砖512块。

烧结普通砖按抗压强度分为：MU30、MU25、MU20、MU15和MU10五个强度等级。

抗风化性能是指在干湿变化、温度变化、冻融变化等物理因素作用下，材料不被破坏并长期保持原有性质的能力，是材料耐久性的重要内容之一。烧结普通砖的抗风化性能是一项综合性指标，主要受砖的吸水率与地域位置的影响，因而用于东北、内蒙古、新疆等严重风化区的烧结普通转，必须进行冻融试验。烧结普通砖的抗风化性能必须符合国家标准《烧结普通砖》

(GB/T 5101—2003)中的有关规定。

泛霜是指可溶性的盐在砖表面的盐析现象,一般呈白色粉末、絮团或絮片状,又称为起霜、盐析或盐霜。泛霜主要影响砖墙的表面美观。《烧结普通砖》规定:优等品砖无泛霜,一等品不允许出现中等泛霜,合格品不允许出现严重泛霜。

石灰爆裂是指烧结普通砖的原料或内燃物质中夹杂着石灰质,焙烧时被烧成生石灰,砖在使用吸水后,体积膨胀而发生的爆裂现象。石灰爆裂影响砖墙的平整度、灰缝的平直度,甚至使墙面产生裂纹,导致墙体破坏。因此,石灰爆裂应符合国家标准《烧结普通砖》中的有关规定。

尺寸偏差和抗风化性能合格的砖,根据外观质量、泛霜和石灰爆裂三项指标,分为优等品(A)、一等品(B)、合格品(C)三个等级。烧结普通砖尺寸允许偏差和外观质量标准见表1-1。

烧结普通砖尺寸允许偏差和外观质量标准(单位:mm)　　表1-1

项目			指标		
			优等品	一等品	合格品
尺寸允许偏差	长度(240)	样本平均偏差	±2.0	±2.5	±3.0
		样本极差≤	8	8	8
	宽度(115)	样本平均偏差	±1.5	±2.0	±2.5
		样本极差≤	6	6	7
	高度(53)	样本平均偏差	±1.5	±1.6	±2.0
		样本极差≤	4	5	6
外观质量	两条面高度差	不大于	2	3	5
	弯曲	不大于	2	3	5
	杂质凸出高度	不大于	2	3	5
	缺棱掉角的三个破坏尺寸	不得同时大于	15	20	30
	裂纹长度:	不大于			
	a. 大面上宽度方向及其延伸至条面的长度		70	70	110
	b. 大面上长度方向及其延伸至顶面的长度或条顶面上水平裂纹的长度		100	100	150
	完整面不得少于		一条面和一顶面	一条面和一顶面	—
	颜色		基本一致	—	—

烧结普通砖具有一定的强度、较好的耐久性、一定的保温隔热性能,在建筑工程中主要砌筑各种承重墙体和非承重墙体等围护结构。烧结普通砖可砌筑砖柱、拱、烟囱、筒拱式过梁和基础等,也可与轻混凝土、保温隔热材料等配合使用。在砖砌体中配置适当的钢筋或钢丝网,可作为薄壳结构、钢筋砖过梁等。碎砖可作为混凝土骨料和碎砖三合土的原材料。

(2)烧结多孔砖

烧结空心砖和多孔砖的特点、规格和等级分别见表1-2。

烧结空心砖和多孔砖的特点、规格和等级　　表1-2

项目	烧结多孔砖	烧结空心砖
生产	以黏土、页岩或煤矸石为主要原料,经焙烧而成	
特点	孔洞率≥15%,孔为竖孔	孔洞率≥35%,孔为横孔
规格	190mm×190mm×90mm 240mm×115mm×90mm	290mm×190(140)mm×90mm 240mm×180(175)mm×115mm

续上表

项目	烧结多孔砖	烧结空心砖
强度等级	按抗压强度、抗折荷重分为 MU25、MU20、MU15、MU10、MU7.5 共五个强度等级	按大面和条面抗压强度划分为 MU5.0、MU3.0、MU2.0 三个强度等级
质量等级	按尺寸偏差、外观质量、强度等级和物理性能分为优等品(A)、一等品(B)和合格品(C)	—

烧结多孔砖的技术性质包括:尺寸允许偏差、强度、外观质量和物理性能。

烧结多孔砖有 190mm×190mm×90mm(M 型)和 240mm×115mm×90mm(P 型)两种规格。其空洞尺寸为:圆孔直径≤22mm,非圆孔内切圆直径≤15mm;手抓孔尺寸为(30~40)mm×(75~85)mm,烧结多孔砖、烧结空心砖的尺寸偏差应分别符合《烧结多孔》(GB 13544—2000)、《烧结空心砖和空心砌块》(GB 13545—2003)的有关规定。烧结多孔砖根据抗压强度、抗折荷重分为 MU25、MU20、MU15、MU10、MU7.5 五个强度等级。根据耐久性、外观质量、尺寸偏差和强度等级分为优等品、一等品、合格品三个等级,其外观质量和物理性能应符合《烧结多孔》的有关规定。

烧结多孔砖主要用于砌筑承重墙体。

2)非烧结砖

(1)蒸压灰砂砖

蒸压灰砂砖的尺寸规格与烧结普通砖相同,为 240mm×115mm×53mm。其体积密度为 1 800~1 900kg/m^3,导热系数约为 0.61W/(m·K)。根据产品的尺寸偏差和外观质量分为优等品(A)、一等品(B)、合格品(C)三个等级。

蒸压灰砂砖按《蒸压灰砂砖》(GB 11945—1999)的规定,根据砖浸水 24h 后的抗压强度和抗折强度分为 MU25、MU20、MU15、MU10 四个强度等级。

MU15、MU20、MU25 的砖可用于基础及其他建筑;MU10 的砖仅可用于防潮层以上的建筑。蒸压灰砂砖不得用于长期受热(200℃以上)、受急冷急热和有酸性介质侵蚀的建筑部位,也不宜用于有流水冲刷的部位。

(2)蒸压(养)粉煤灰砖

蒸压(养)粉煤灰砖外形尺寸同普通砖,为 240mm×115mm×53mm,呈深灰色,体积密度约为 1 500kg/m^3。

根据《粉煤灰砖》(JC 239—2001)规定的抗压强度和抗折强度,分为 MU20、MU15、MU10、MU7.5 四个强度等级。蒸压(养)粉煤灰砖可用于工业与民用建筑的墙体和基础,但当用于基础或易受冻融和干湿交替作用的建筑部位时,必须使用一等品和优等品。蒸压(养)粉煤灰砖不得用于长期受热(200℃以上)、受急冷急热和有酸性介质侵蚀的建筑部位。为避免或减少收缩裂缝的产生,用该类砖砌筑的建筑物,应适当增设圈梁及伸缩缝。

(3)炉渣砖

炉渣砖的尺寸规格与普通砖相同,呈黑灰色,体积密度为 1 500~2 000kg/m^3,吸水率为 6%~19%。按其抗压强度和抗折强度分为 MU20、MU15、MU10 三个强度等级。该类砖可用于一般工程的内墙和非承重外墙,但不得用于受高温、受急冷急热交替作用和有酸性介质侵蚀的部位。

2. 砌筑砂浆的技术性质

对于新拌砂浆主要要求其具有良好的和易性。和易性良好的砂浆容易在粗糙的砖石底面上铺抹成均匀的薄层,而且能够和底面紧密黏结。使用和易性良好的砂浆,既便于施工操作,提高劳动生产率,又能保证工程质量。砂浆的和易性包括流动性和保水性两个方面。硬化后的砂浆则应具有所需的强度和对底面的黏结力,并应有适宜的变形性能。

(1)和易性

砂浆和易性是指砂浆便于施工操作的性能,包含有流动性和保水性两方面的含义。

砂浆的流动性(稠度)是指在自重或外力作用下能产生流动的性能。流动性采用砂浆稠度测定仪测定,以沉入度(mm)表示。

砂浆的流动性和许多因素有关,如胶凝材料的用量、用水量、砂粒粗细、形状、级配,以及砂浆搅拌时间都会影响砂浆的流动性。

砂浆流动性的选择与砌体材料及施工天气情况有关。一般可根据施工操作经验来掌握,但应符合《砌体工程施工质量验收规范》(GB 50203—2002)规定。具体情况可参考表1-3。

砌筑砂浆的稠度选择(沉入度)　　表1-3

砌体种类	砂浆稠度(mm)
烧结普通砖砌体	70~90
轻骨料混凝土小型空心砌块砌体	60~90
烧结多孔砖,空心砖砌块	60~80
烧结普通砖平拱式过梁、空斗墙、筒拱、普通混凝土小型空心砌块砌体、加气混凝土砌块砌体	50~70
石砌体	30~50

新拌砂浆能够保持水分的能力称为保水性。保水性也指砂浆中各项组成材料不易分离的性质。

保水性差的砂浆,在施工过程中很容易泌水、分层、离析,由于水分流失而使流动性变差,不易铺成均匀的砂浆层。凡是砂浆内胶凝材料充足,尤其是掺入了掺和料的混合砂浆,其保水性好。砂浆中掺入适量的加气剂或塑化剂也能改善砂浆的保水性和流动性,通常可掺入微沫剂以改善新拌砂浆的性质。

砂浆的保水性用分层度表示。将搅拌均匀的砂浆,先测其沉入度,再装入分层度测定仪,静置30min后,去掉上部200mm厚的砂浆,再测其剩余部分砂浆的沉入度,先后两次沉入度的差值称为分层度。分层度值越小,则保水性越好。砌筑砂浆的分层度以在30mm范围内为宜。分层度大于30mm的砂浆,容易产生离析,不便于施工;分层度接近于零的砂浆,容易发生干缩裂缝。

(2)砂浆的强度

砂浆强度是以边长为70.7mm×70.7mm×70.7mm的立方体试块,在温度为(20±3)℃,一定湿度下养护28d,测得的极限抗压强度。

砂浆按其抗压强度平均值分为M2.5、M5.0、M7.5、M10、M15、M20六个强度等级。砂浆的设计强度(砂浆的抗压强度平均值),用R表示。在一般工程中,办公楼、教学楼以及多层建筑物宜选用M5.0~M10的砂浆,平房商店等多选用M2.5~M5.0的砂浆,仓库、食堂、地下室以及工业厂房等多选用M2.5~M10的砂浆,而特别重要的砌体宜选用M10以上的砂浆。

砂浆的养护温度对其强度影响较大。温度越高,砂浆强度发展越快,早期强度也就越高。

另外,因底面材料的不同,故影响砂浆强度的因素也不同。

①用于砌筑不吸水底材(如密实的石材)砂浆的强度,与混凝土相似,主要取决于水泥强度和水灰比。计算公式如式(1-1)。

$$f_m = 0.29 f_{ce}\left(\frac{m_c}{m_w} - 0.4\right) \tag{1-1}$$

式中:f_m——砂浆28d抗压强度,MPa;

f_{ce}——水泥的实测强度,MPa;

$\frac{m_c}{m_w}$——灰水比。

②用于砌筑吸水底材(如砖或其他多孔材料)时,即使砂浆用水量不同,但因砂浆具有保水性能,经过底材吸水后,保留在砂浆中的水分几乎是相同的。因此,砂浆强度主要取决于水泥强度及水泥用量,而与砌筑前砂浆中的水灰比没有关系。计算公式如式(1-2)。

$$f_m = \frac{\alpha \cdot Q_c \cdot f_{ce}}{1\,000} + \beta \tag{1-2}$$

式中:f_m——砂浆28d抗压强度,MPa;

Q_c——每立方米砂浆的水泥用量,kg;

α、β——砂浆的特征系数,其中$\alpha = 3.03$,$\beta = -15.09$;

f_{ce}——水泥的实测强度,MPa。

由于砂浆组成材料较复杂,变化也较多,很难用简单的公式准确计算出其强度,因此上式计算的结果还必须通过具体试验来调整。

(3)黏结力

砖石砌体是靠砂浆把块状的砖石材料黏结成为一个坚固整体的。因此要求砂浆对于砖石必须有一定的黏结力。一般情况下,砂浆的抗压强度越高其黏结力越大。此外,砂浆黏结力的大小与砖石表面状态、清洁程度、湿润情况以及施工养护条件等因素有关。如砌筑烧结砖要事先浇水湿润,表面不沾泥土,就可以提高砂浆与砖之间的黏结力,保证墙体的质量。

(4)砌筑砂浆的配合比

砌筑砂浆配合比应由有资质的实验室根据施工现场提供的水泥、砂等原材料,按规定的方法确定。

3. 砖及砂浆准备工作

(1)由于烧结砖极易吸水,在砌筑时容易过多吸收砌筑砂浆中的水分而降低砂浆性能(流动性、黏结力和强度)和影响砌筑质量。因此,在使用前应浇水湿润,其湿润程度可在现场通过横截面润湿痕迹来判断,一般为10~15mm,见图1-3。但浇水湿润时也不能使砖浸透,否则会因不能吸收砂浆中的多余水分而影响与砂浆的黏结力,还会产生堕灰和砖滑动现象。夏季因水分挥发较快可在操作面上及时补水保持湿润,冬季则应提前润水并保证在使用前晾干表面水分。

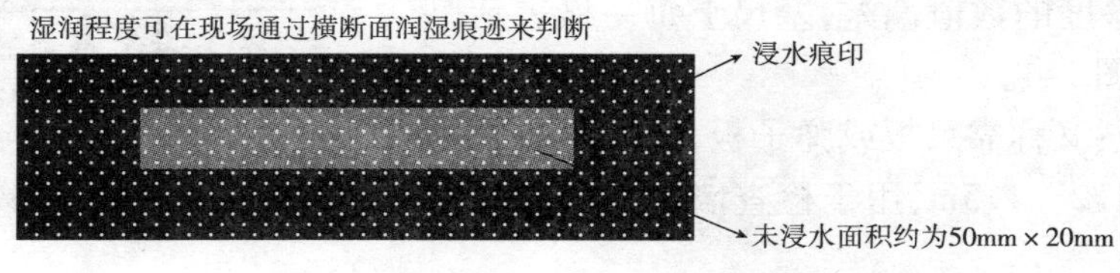

图1-3　砖的湿润程度判断

(2)由于砖砌筑中需进行模数组合,因此为避免砍砖带来的麻烦和不规则性,在采购中可专门定做 180mm×115mm×53mm 规格的砖,以使组砌更加方便并提高观感质量。

(3)砌筑砂浆,应通过试配确定配合比,当其组成材料有变更时其配合比应重新确定。

(4)凡在砂浆中掺入有机塑化剂、早强剂、缓凝剂、防冻剂等外加剂时,应经检验和试配符合要求后,方能使用。有机塑化剂应有砌体强度的形式检验报告。

4. 机械准备

砂浆可用砂浆搅拌机进行搅拌,但由于砂浆搅拌机容量小,故目前施工现场常用混凝土搅拌机搅拌砂浆。

5. 常用砌筑工具准备

(1)砖刀:用于砌墙、打砖、打灰条。

(2)手锤:俗称小榔头,用以敲凿石料与开凿异型砖。

(3)钢凿:用 45 号钢锻造,其直径一般为 20~28mm,长为 150~250mm,端部有尖、扁两种形式,与手锤配合用于开凿石料、异型砖。

(4)摊灰尺:用不易变形的木材制作,用于控制灰缝及摊铺砂浆。

(5)溜子:又称灰匙、勾缝刀,用直径 8mm 钢筋打扁成型,并装上木柄,用于清水缝勾缝。

(6)抿子:用 0.8~1mm 厚钢板制成,并装上木柄,用于石墙抹、勾缝。

(7)灰板:用不易变形的木材制作,勾缝时用于承托砂浆。

(8)筛子:用于筛分砂子,常用筛孔尺寸有 4mm、6mm、8mm 等几种规格。

(9)铁锹:分尖头和方头两种,用于挖土、装车、筛砂等工作。

(10)手推车:用于运输砂浆和其他散装材料,容量约为 0.12m^3。手推车轮轴总宽度应小于 900mm,以便于通过室内的门洞口。

(11)运砖车:运输砖块的专用车,使用方便,能减少砖的磨损。

(12)砖夹:用直径 16mm 钢筋锻造,用于装卸砖块,一次可以夹起四块标准砖。

(13)砖笼:塔吊施工时,垂直吊运砖块的工具。

(14)料斗:塔吊施工时,垂直吊运砂浆的工具。

(15)灰斗:用于存放砂浆,用 1~2mm 厚的黑铁皮制成,也可将火柴油桶切成两半作为灰斗。

(16)灰桶:又称泥桶,分木制、铁制、橡胶制三种,供短距离传递砂浆及临时储存砂浆用。

(17)钢卷尺:有 2m、3m、5m、30m、50m 等几种规格,用于量测轴线、墙体和其他构件尺寸。

(18)靠尺:长度为 2~4m,由非常直及平的轻金属或相应的木板制成,用于检查墙体、构件的平整度。

(19)塞尺(楔形尺):与托线板配合使用。用于测定墙、柱垂直平整度的数值偏差,塞尺上每一格表示厚度方向 1mm,见图 1-4。

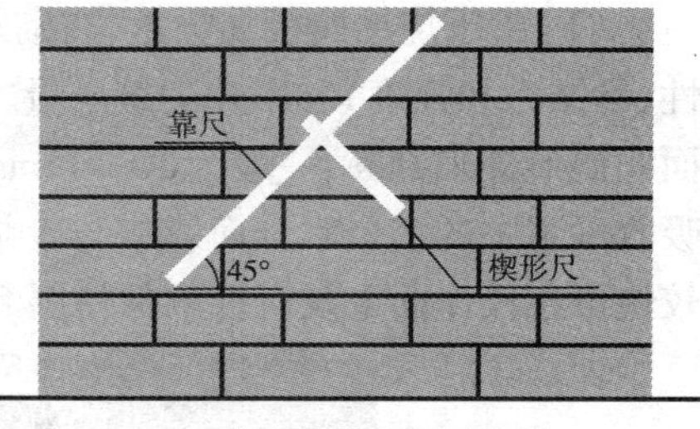

图 1-4 靠尺、塞尺检测示意图

注:如空隙在一段悬翘,则读数应除以 2;检查清水墙时,楔形尺应塞在砖面上

(20)托线板:又称靠尺板或弹子板,用木材或铝合金自制,长度为 1.2~1.5m,用于检查墙面垂直度和平整度,见图 1-5。

(21)水平尺:用铁或铝合金制作,中间镶嵌玻璃水准管,用于检测砌体水平方向的偏差。

(22)准线:是砌墙时拉的直径为0.5~1mm的尼龙线,用于检测墙体水平灰缝的平直度,见图1-6。

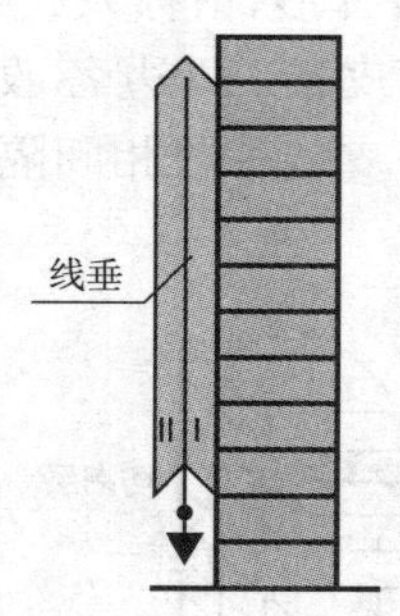

图1-5　托线板检测示意图

注:若砖墙垂直,线垂则通过靠尺中心;若砖墙不垂直,则可以直接读出偏差

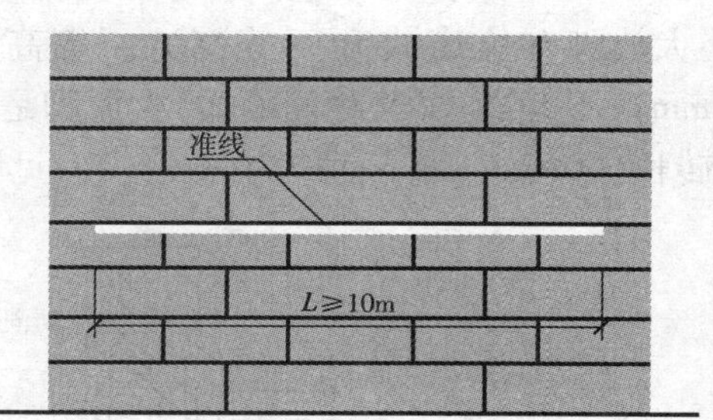

图1-6　准线检测示意图

注:如墙的长度不足10m,则以其全长检查

(23)百格网:用铁丝编制锡焊而成,也有在有机玻璃上画格而成,用于检测墙体水平灰缝砂浆饱满度,见图1-7。

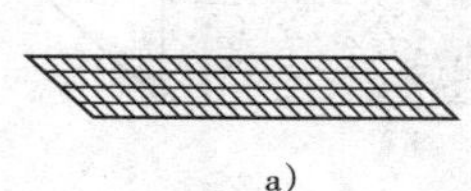

a)

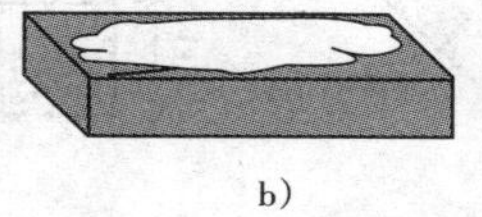

b)

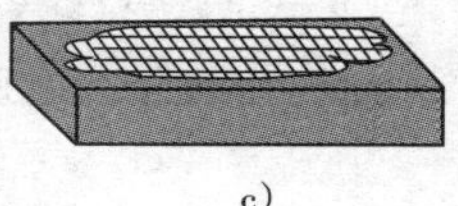

c)

图1-7　百格网检测示意图

a)百格网;b)掀开砖,剔除砂浆,底面朝上;c)百格网与砖缘对齐,数没有砂浆的空格,允许割补

(24)方尺:用木材制成边长为200mm的直角尺,分阴角墙和阳角墙两种,用于检测墙体转角的方正度。

(25)铅笔:砌墙时,用于做记号,为便于作出清楚的记号,应选用长而粗的铅笔。

(26)皮数杆:又称线杆,用于控制墙体砌筑时的竖向尺寸,分基础用和墙身用两种。

(27)组合检查尺:用于检查平整度、垂直度的组合检查工具。

6.砂浆拌制及使用

(1)砂浆现场拌制时,各组分材料应采用质量计量。

(2)砌筑砂浆应采用机械搅拌,自投料完算起,搅拌时间应符合下列规定:

①水泥砂浆和水泥混合砂浆不得少于2min。

②水泥粉煤灰砂浆和掺用外加剂的砂浆不得少于3min。

③掺用有机塑化剂的砂浆,应为3~5min。

(3)粉煤灰砂浆宜采用机械搅拌,以保证拌和物均匀。砂浆各组分的计量(按质量计)允许误差:水泥为±2%;粉煤灰、石灰膏和细骨料为±5%。

(4)搅拌粉煤灰砂浆时,宜先将粉煤灰、砂与水泥及部分拌和水先投入搅拌机,待基本均匀后再加水搅拌至所需稠度,总搅拌时间不得少于2min。

(5)砂浆拌成后和使用时,均应盛入储灰器中。如砂浆出现泌水现象,应在砌筑前再次拌和。

(6)砂浆应随拌随用,水泥砂浆和水泥混合砂浆应分别在3h和4h内使用完毕;当施工期间最高气温超过30℃时,应分别在拌成后2h和3h内使用完毕。对掺用缓凝剂的砂浆,其使用时间可根据具体情况适当延长。

7. 砖基础工程量计算

砖基础的下部为大放脚、上部为基础墙。砖基础一般做成阶梯形，俗称大放脚。

大放脚有等高式和不等高式。等高式大放脚是每砌两皮砖，两边各收进 1/4 砖长（60mm）；不等高式（又称间隔式）大放脚是每砌两皮砖一收及一皮砖一收相间隔，两边各收进 1/4砖长（60mm），最下面应为两皮砖高，见图 1-8。

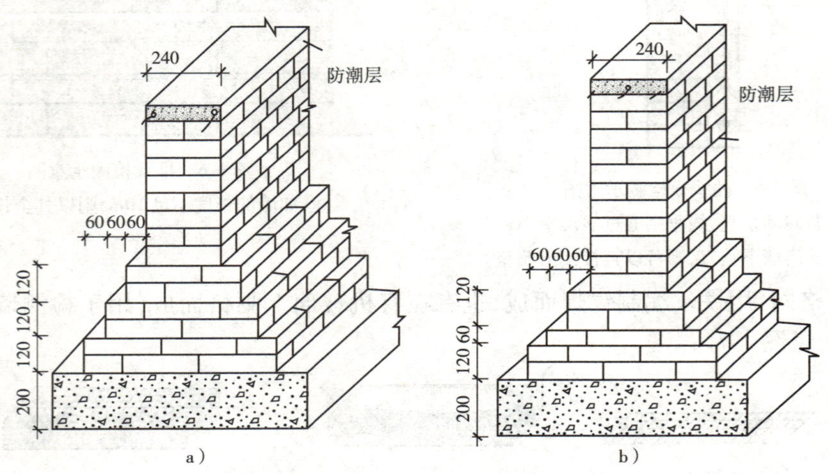

图 1-8　砖基础大放脚形式（尺寸单位：mm）
a）等高式大放脚；b）不等高式大放脚

（1）基础与墙身的划分

①基础和墙身使用同一种材料时，以首层设计室内地面为界，以下为基础，以上为墙身。

②基础和墙身使用不同材料时，（位于室内设计地坪 ±300mm 以内时）按材质不同处为分界线，以上为墙身，以下为基础（超过 ±300mm 时，以设计室内地面为分界线）。

③砖、石围墙，以室外设计地坪为界，以下为基础，以上为墙身。

（2）工程量计算方法

按设计图示尺寸以体积计算，应扣除地梁（圈梁）、构造柱所占体积，不扣除基础大放脚 T 形接头处的重叠部分及嵌入基础内的钢筋、铁件、管道、基础砂浆防潮层和单个面积在 $0.3m^2$ 以内的孔洞所占体积。附墙垛基础宽出部分体积，并入其所依附的基础工程量内。

砖基础工程量计算公式如式（1-3）。

$$V = 基础断面积(S) \times 基础长度(L) - V_{扣除} + V_{增加} \tag{1-3}$$

基础断面积（S）的计算（图 1-9）方法如下。

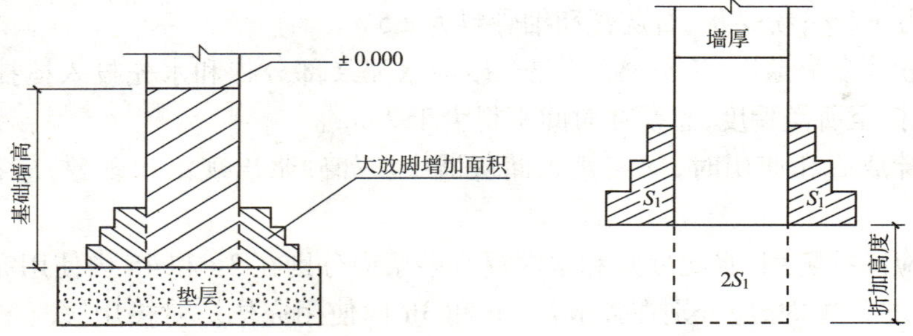

图 1-9　砖基础断面面积计算图示

增加面积法：

$$砖基础断面面积 = 基础墙厚 \times 砖基础高度 + 大放脚增加面积 \tag{1-4}$$

折加高度法：

$$砖基础断面面积 = 基础墙厚 \times (砖基础高度 + 大放脚折加高度) \tag{1-5}$$

式中：基础墙厚——基础主墙身的厚度；

砖基础高度——室内地坪至基础底面的距离；

大放脚折加高度——将大放脚增加的断面面积按其相应的墙厚折合成的高度。

8. 砖基础施工作业条件

(1)基槽或基础垫层已完成并验收，办完隐蔽验收手续。

(2)放置龙门板或龙门桩，标出建筑物的主要轴线，标出基础及墙身轴线及标高；并弹出基础轴线和边线；立好皮数杆(间距为15～20m，转角处均应设立)，办完预检手续。

(3)根据皮数杆最下面一层砖的标高，拉线检查基础垫层、表面标高是否合适，如第一层砖的水平灰缝大于20mm时，应用细石混凝土找平，不得用砂浆或砂浆中掺细砖或碎石处理。

(4)常温施工时，砌砖前1d应将砖浇水湿润，砖以水浸入表面下10～20mm深为宜；雨天作业不得使用含水率饱和状态的砖。

(5)砌筑部位的灰渣、杂物应清除干净，基层浇水润湿。

(6)砂浆配合比，由实验室根据实际材料试验确定。准备好砂浆试模。应按试验确定的砂浆配合比拌制砂浆，并搅拌均匀。常温下拌好的砂浆应在拌和后3～4h内用完；当气温超过30℃时，应在2～3h内完成。严禁使用过夜砂浆。

(7)基槽安全防护已完成，无积水，并通过了质检员的验收。

(8)脚手架应随砌随搭设；运输通道通畅，各类机具应准备就绪。

9. 材料验收

建筑工程采用的主要材料、半成品、成品、建筑构配件、器具和设备应进行现场验收。凡涉及安全、功能的有关产品，应按各专业工程质量验收规范的规定进行复验，并应经监理工程师(建设单位技术负责人)检查认可。进场验收是指对进入施工现场的材料、构配件、设备等按相关标准规定要求进行检验，对产品达到合格与否作出确认。

砖基础工程所用的材料应有产品的合格证书、产品性能检测报告。对于砖、水泥、外加剂等尚应有材料主要性能的进场复验报告。

(1)砌筑砂浆的要求

砌筑砂浆强度等级必须符合设计要求。

水泥：一般采用32.5级或42.5级普通硅酸盐水泥或矿渣硅酸盐水泥。水泥进场使用前，应分批对其强度、安定性进行复验。检验批应以同一生产厂家、同一编号为一批。当在使用中对水泥质量有怀疑或水泥出厂超过三个月(快硬硅酸盐水泥超过一个月)时，应进行复查试验，并按其结果使用。不同品种的水泥，不得混合使用。

砂：一般宜用中砂，并不得含有有害物质，勾缝宜用细砂。砂浆用砂的含泥量应满足下列要求。

①对水泥砂浆和强度等级不小于M5的水泥混合砂浆，不应超过5%。

②对强度等级小于M5的水泥混合砂浆，不应超过10%。

③人工砂、山砂及特细砂，经试配应能满足砌筑砂浆技术条件要求。

水：使用自来水或天然洁净可饮用的水。

砌筑砂浆试块强度验收时其强度合格标准必须符合下列规定：

①同一验收批砂浆试块抗压强度平均值，必须大于或等于设计强度等级所对应的立方体抗压强度；同一验收批砂浆试块抗压强度的最小一组平均值，必须大于或等于设计强度等级所对应的立方体抗压强度的0.75倍。

②砌筑砂浆的验收批，同一类型、强度等级的砂浆试块应不少于3组。当同一验收批只有一组试块时，该组试块抗压强度的平均值，必须大于或等于设计强度等级所对应的立方体抗压强度。

③砂浆强度应以标准养护，龄期为28d的试块抗压试验结果为准。

抽检数量：每一检验批且不超过$250m^3$砌体的各种类型及强度等级的砌筑砂浆，每台搅拌机应至少抽检一次。

检验方法：在砂浆搅拌机出料口取样制作砂浆试块（同盘砂浆只需制作一组试块），最后检查试块强度，填写试验报告单。

（2）砖的要求

砖的品种、强度等级必须符合设计要求，并且规格应一致。砖进场时，现场应对其外观质量和尺寸进行检查，同时检查其合格证或送实验室进行检验。砖检验内容包括：外观质量、尺寸偏差和强度检验，蒸压灰砂砖还应进行颜色检验。进场后应按规定及时抽样复检。砖的强度等级必须符合设计要求。抽样送样工作应在现场监理人员的监督下进行。每一生产厂家的砖进场后按烧结砖15万块、多孔砖5万块、灰砂砖及粉煤灰砖10万块各为一个验收批抽检一组。不合格的砖不得用于工程中。

砖的品种、强度等级必须符合设计要求，用于清水墙、柱表面的砖，边角应整齐、色泽应均匀。

砖应提前1～2d浇水湿润。烧结普通砖、多孔砖含水率宜为10%～15%；灰砂砖、粉煤灰砖含水率宜为5%～8%。含水率以水重占砖重的百分数计。

施工中如用水泥砂浆代替水泥混合砂浆，应考虑砌体强度的降低，重新确定砂浆强度等级，并按此设计配合比。实际施工中，所采用的水泥砂浆强度等级要比原设计的水泥混合砂浆强度等级提高一个等级，并按此强度等级重新设计配合比。

用于基础的砖宜用烧结普通砖。蒸压灰砂砖和蒸压粉煤灰砖也可用于基础，但不得用于长期受热（200℃以上）、受急冷急热和有酸性介质侵蚀的部位。

保管要求：堆放场地应平整，产品应按品种、强度等级、质量等级分别堆放整齐。

（三）引导问题

请收集相关资料，回答以下问题：

1. 砖基础使用哪些材料？这些材料有什么特点和性能要求？
2. 砖基础施工常用的机械设备和工具有哪些？其作用是什么？
3. 砌筑砂浆如何拌制和使用？
4. 砖基础有哪两部分组成？大放脚的形式有哪些？如何计算其工程量？
5. 砖基础施工前的作业条件有哪些？
6. 砖基础的材料进场时要检查验收哪些内容？发现不合格材料如何处理？

四、任务实施

1. 熟悉图纸

认真阅读施工图纸设计说明，了解所用材料。然后查看基础平面图和剖面图，熟悉轴线尺寸和细部尺寸。

2. 根据图纸计算砖基础的工程量

单位工程施工组织设计中的施工进度计划、资源（劳动力、材料、构配件等）需求量计划及主要技术经济指标等都是以工程量计算结果为依据的，因此必须按有关要求认真计算工程量，以免漏算或重复计算工程量。根据项目的具体情况，合理确定计算流程和计算方法，通常的计算方法有：

（1）按图纸先上后下，先左后右的顺序计算，如算条形基础。

（2）从图纸右上角出发，顺时针计算。

（3）按结构件或轴线编号顺序进行，如 Z1，Z2，……，或①轴，②轴，……

（4）列表格计算，对于某分部工程中分项较多，且数量较多的项目可采用列表计算，如门窗工程、装配式工程中的预制构件等。

（5）单元法，某些项目是由若干个相同的单元组成的，这时应先计算该单元的所有分项工程的工程量，然后按照设计图纸进行组合，如住宅项目。

3. 填写表格

根据劳动定额、机械定额和前面计算出的工程量，并结合实际情况来确定所需材料、机具和劳动力的需求计划，填写表 1-4 ~ 表 1-6。

主要材料和预制品需要量计划是组织材料和制品加工、订货、运输、确定场地和仓库的依据。它是根据施工图纸、施工部署和施工总进度计划而编制的。

施工机具和设备需要量计划是确定施工机具和设备进场、施工用电量和选择变压器的依据。它是根据施工部署、施工方案、工程量和机械台班产量定额而确定的。

劳动力需要量计划是编制施工设施和组织工人进场的主要依据。根据施工总进度计划、概（预）算定额和有关经验资料，分别确定出每个单项工程专业工种、工人数和进场时间，然后逐项汇总直至确定出整个建设项目劳动力需要量计划。

主要材料需要量计划 表 1-4

序号	材料名称	规格	需要量		供应时间	备注
			单位	数量		

施工机械需要量计划 表 1-5

序号	机械名称	机械类型（规格）	需要量		来源	使用起始时间	备注
			单位	数量			

劳动力需要量计划 表1-6

序号	工程名称	总劳动量	每月需要量(工日)

4. 对施工前的现场条件进行验收

现场条件验收包括地基验槽资料、测量放线工作及资料、砌筑部位清理和安全措施等验收,并整理汇总相关资料。

5. 检查验收进场材料

对砖基础所需的水泥、砂、砖等材料进行资料检查、外观检查及取样复验,并填写建筑材料报审表1-7,了解材料堆放保管要求。

建筑材料报审表 表1-7

工程名称:______

致______(监理单位):

我方于____年____月____日进场的工程材料如下。现将质量证明文件及自检结果报上。

附件:1. 材料出厂质量证明书(____份)

2. 材料自检试验报告 (____份)

承包单位项目部(公章):______ 项目负责人(签字):______ 日期:____年____月____日

材料名称					
材料来源、产地					
用途					
材料规格					
本批材料数量					
施工单位的试验	试样来源				
	取样地点、日期				
	试验日期				
	试验结果				
现场见证取样人签字					
专业监理工程师意见(附审查报告)		同意/不同意	同意/不同意	同意/不同意	同意/不同意

项目监理机构(公章):______ 专业监理工程师(签字):______ 日期:____年____月____日

监理工程师(签字):______ 日期:____年____月____日

本表由承包单位填写,一式三份,审查后建设、监理、承包单位各留一份。

五、评价与反馈

1. 学生自我评价

(1)完成此次任务过程中存在的主要问题有哪些?

(2)分析出现问题的原因,并提出相应的解决办法。

(3)你认为还需加强哪些方面的指导?

2. 学习工作过程评价表

请填写任务评价表(表1-8)。

任务评价表 表1-8

考 核 项 目	分 数			学生自评(30%)	小组互评(30%)	教师评价(40%)	小 计
	差	中	好				
是否具备团队合作精神	1.5	3	5				
是否积极参与活动	1.5	3	5				
工作过程安排是否合理规范	6	12	20				
是否遵守劳动纪律	1.5	3	5				
资料收集是否准确、快捷	1.5	3	5				
应变能力是否强,回答问题是否准确	4.5	9	15				
砖基础工程量计算是否准确	4.5	9	15				
砖基础工程人材机计划是否合理	4.5	9	15				
砖基础材料进场检查资料是否齐全	4.5	9	15				
总 计	30	60	100				
教师签字: 年 月 日						得 分	

任务单元二　砖基础施工管理

一、任务描述

将本书附录一中基础施工图中的砖基础，按照小组数分成几段，各小组在实训基地砌筑一段砖基础，并结合前一任务完成的准备工作，编制砖基础工程施工方案。

二、学习目标

通过本任务的学习，你应当能：

1. 熟练掌握砖砌体的砌筑方法和组砌形式；
2. 熟练掌握砖基础工程施工的工艺流程；
3. 熟练掌握砖基础工程施工的施工要点；
4. 熟练掌握砖基础工程施工的施工安全环境防护措施；
5. 编制砖基础工程施工方案。

三、学习准备

（一）基本概念

1. 砌筑方法

砖基础砌筑采用“三一”砖砌法，严禁使用水冲砂浆灌缝的方法。砖砌体常用的砌筑方法有“三一”砌砖法、挤浆法、刮浆法和满口灰法。其中，“三一”砌砖法和挤浆法最为常用。

“三一”砌砖法：即是一块砖、一铲灰、一揉压，并随手将挤出的砂浆刮去的砌筑方法。操作时右手拿铲，左手拿砖。当用大铲从灰浆桶中舀起一铲灰时，左手顺势取一块砖，右手把灰铺在墙上，左手将砖稍稍蹭着灰面，把灰挤一点到砖顶头的立缝里，然后把砖揉一揉，顺手用大铲把挤出墙的灰刮下，甩到前面的竖缝中或灰桶中。这种砌法的优点是：灰缝容易饱满，黏结性好，墙面整洁。故实心砖砌体宜采用“三一”砌砖法。

根据“三一”砌砖法又发展延伸出了“二三八一”砌砖法，它是由两种步法（丁字步和并列步）、三种身法（丁字步与并列步的侧身弯腰、丁字步的正弯腰和并列步的正弯腰）、八种铺灰手法（砌条砖用的甩、扣、泼、溜和砌丁砖时的扣、溜、泼，一带二）和一种挤浆动作（砌砖时利用手指揉动，使落在灰槽上的砖产生轻微颤动，砂浆受振以后液化，砂浆中的水泥浆颗粒充分进入到砖的表面，产生良好的吸附黏结作用）所组成的一套符合人体正常活动规律的先进砌砖工艺。“二三八一”砌砖法具有以下特点：采用此法能较好地保证砌筑质量，它是基于“三一”砌砖法发展来的，而且动作连贯不间断，避免了铺灰时间长而影响砂浆的黏结强度。操作过程中对步法、身法和手法等都进行了优化，明确规定远、近、高、低等不同操作面和操作位置应做的动作，消除了多余动作，提高了砌筑速度。采用这种方法，可使现场操作平面的布置和材料的堆放，能够达到布置合理，作业规范，文明施工的要求。符合人体生理和运行特点，能够大大减轻操作人员的疲劳强度，对防止与消除工人职业性腰肌劳损具有一定的积极作用。操作方法简单易学，一般一个新工人通过两三个月的强化训练即可掌握要领。

挤浆法：即用灰勺、大铲或铺灰器在墙顶上铺一段砂浆，然后双手拿砖或单手拿砖，用砖挤入砂浆中一定厚度之后把砖放平，达到下齐边、上齐线、横平竖直的要求。这种砌法的优点是：可以连续挤砌几块砖，减少烦琐的动作；平推平挤可使灰缝饱满，效率高，保证砌筑质量。

2. 砖基础的组砌形式

砖基础大放脚的组砌方法采用一丁一顺（满丁满条），里外咬槎，上下层错缝的形式。

一丁一顺砌筑形式，即一皮丁砖与一皮顺砖相间，上下皮垂直灰缝相互错开60mm，见图1-10。

图1-10　一丁一顺砌筑形式

里外咬槎，要注意十字及丁字接头处的砖块搭接，在这些交接处，纵横基础要隔皮砌通。大放脚的最下一皮及每层的最上一皮应以丁砌为主。

3. 排砖（撂底）

排砖（撂底）就是在放线的基面上按选定的组砌形式用干砖试摆，并在砖与砖之间留出竖向灰缝宽度。排砖的目的是为了使纵、横墙能准确地按照放线的位置咬槎搭砌。基础大放脚的撂底尺寸及收退方法必须符合设计图纸规定，如一层一退，里外均应砌丁砖；如二层一退，第一层砌条砖，第二层砌丁砖。

砖基础的转角处、交接处，为错缝需要应加砌配砖（3/4砖、半砖或1/4砖）。转角处，应按规定在外角放七分头，其数量为一砖半厚墙放三块，二砖墙放四块，以此类推。六皮三收等高式大放脚转角砌法见图1-11，六皮四收不等高式大放脚转角砌法见图1-12，六皮三收等高式大放脚交接处砌法见图1-13。

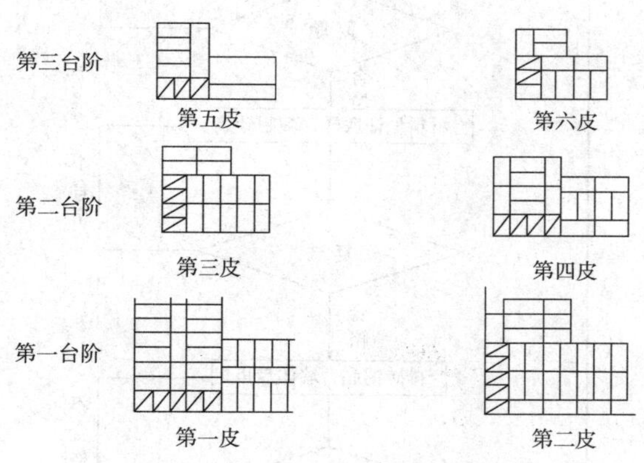

图1-11　六皮三收等高式大放脚转角砌法

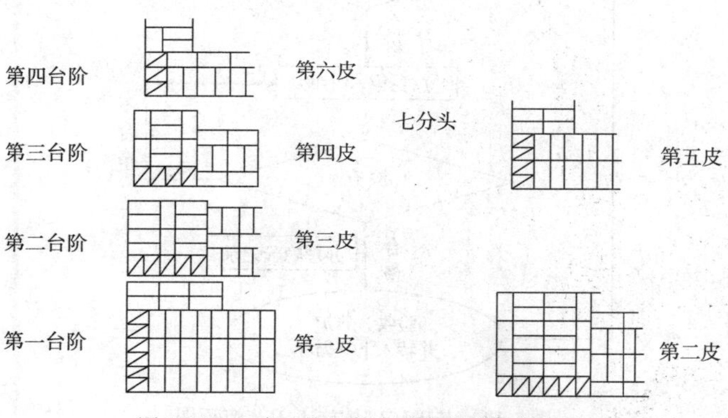

图1-12　六皮四收不等高式大放脚转角砌法

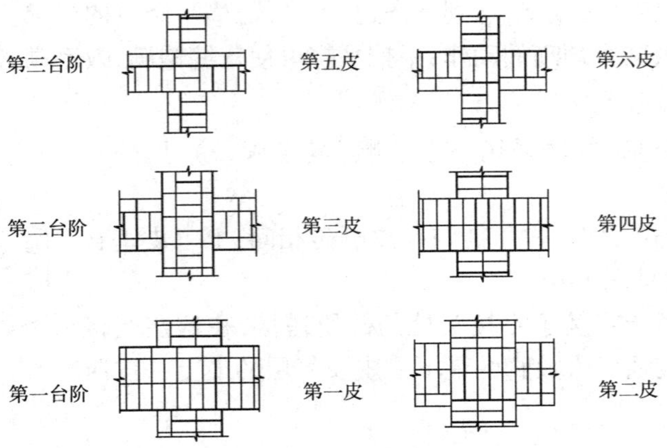

图 1-13　六皮三收等高式大放脚交接处砌法

(二)知识要点

1. 施工工艺

(1)工艺流程

基础砖砌体施工工艺流程见图 1-14。

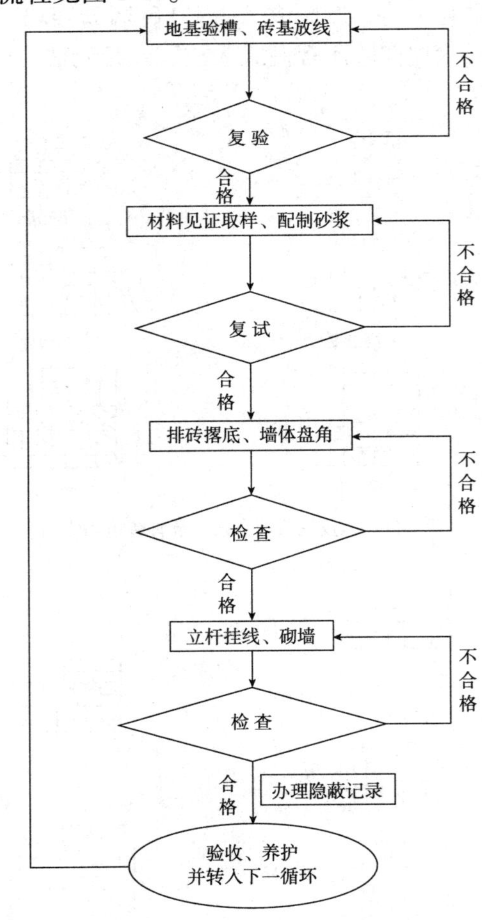

图 1-14　基础砖砌体施工工艺流程图

(2)施工要点

①砖基础砌筑前,基础垫层表面应清扫干净,洒水湿润。砖提前1~2d浇水湿润,不得随浇随砌,对于烧结普通砖、多孔砖含水率宜为10%~15%;对于灰砂砖、粉煤灰砖含水率宜为8%~12%。现场检验砖含水率的简易方法是采用断砖法,当砖截面四周融水深度为15~20mm时,视为符合要求的适宜含水率。

②盘角、挂线:砌筑时应根据皮数杆在转角及交接处先砌几皮砖,并确保垂直、平整,此工作称为盘角。盘角后,在转角及交接处之间拉准线砌中间部分,其中第一皮砖应以基础底宽线为准砌筑。砌基础墙应挂线,240mm墙反手挂线,370mm及以上墙双面挂线。

砌筑时,灰缝砂浆要饱满,水平灰缝厚度宜为10mm,但不应小于8mm,也不应大于12mm。每皮砖要挂线,与皮数杆的偏差值不得超过10mm。砌筑过程中应三皮一吊、五皮一靠,保证墙面垂直平整。

③立皮数杆:在垫层转角处、交接处及高低处立好基础皮数杆。基础皮数杆要进行抄平,使杆上所示底层室内地面标高与设计的底层室内地面标高一致,见图1-15。

④如基础深浅不一时,应从低处砌起,接槎高度不宜超过1m,高低相接处要砌成阶梯形,台阶长度不应小于1m,其高度不大于0.5m,砌到上面后再和上面的砖一起退台,见图1-16。应经常拉线检查,以保持砌体通顺、平直,防止砌成"螺丝墙"。

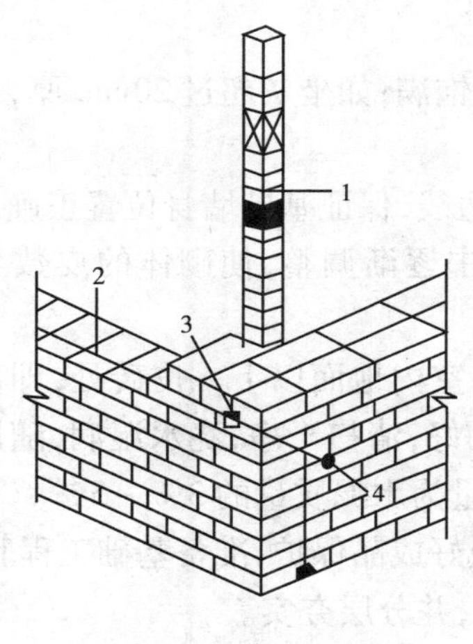

图1-15　皮数杆示意图

1-皮数杆;2-准线;3-竹片;4-圆铁钉

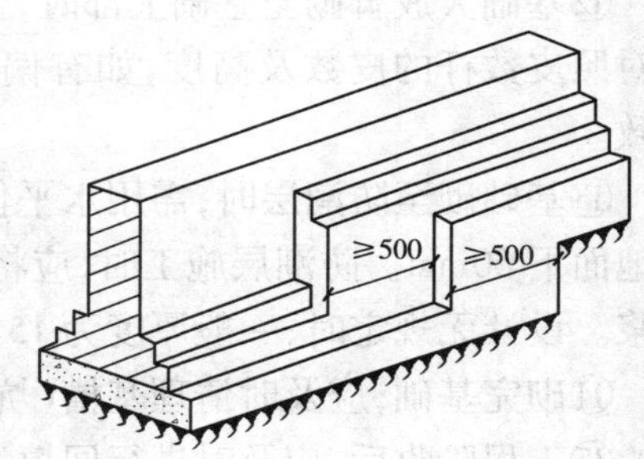

图1-16　砖基础高低接头处砌法

(尺寸单位:mm)

⑤内外墙基础转角处和纵横墙交接处应同时砌起,当不能同时砌起而必须留槎时,应砌成斜槎,斜槎长度与高度的比不得小于2/3,见图1-17。

⑥砖墙转角处和抗震设防建筑物临时间断处不得留直槎。纵横墙交接处如留斜槎确有困难,除转角处外,可留直槎,但直槎必须做成凸槎,并加设拉结钢筋,拉结筋的数量为每半砖厚墙放置一根直径6mm的钢筋,间距沿墙高不得超过500mm,抗震设防地区应严格控制,见图1-18。临时间断处的高度差不得超过一步脚手架的高度。

⑦沉降缝两边的基础墙要求分开砌筑,两侧的墙要垂直,缝的大小上下要一致,不能贴在一起或者搭砌,缝中不得落入砂浆或碎砖,先砌的一边墙应把舌头灰刮清,后砌的一边墙的灰缝应缩进砖口,避免砂浆堵住沉降缝,影响自由沉降。为了避免缝内掉入砂浆,可在缝中间塞上木板上提。

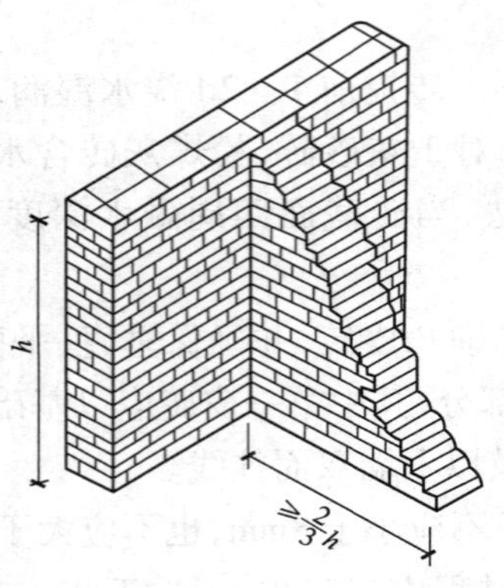

图 1-17　斜槎示意图

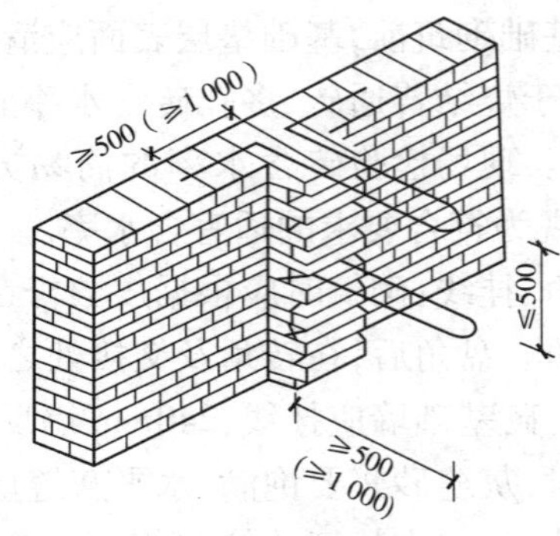

图 1-18　直槎示意图(尺寸单位:mm)

⑧基础上铺放地沟盖板的出檐砖,应同时砌筑,并应用丁砖砌筑,立缝碰头灰应打严实,挑檐砖标高必须正确。

⑨各种预留洞、预埋件、拉结筋,按设计要求留置,避免事后剔凿,影响砌体质量。宽度超过 300mm 的洞口应设置过梁。

⑩变形缝的墙角应按直角要求砌筑,先砌的墙要把舌头灰刮尽;后砌的墙可采用缩口灰,掉入缝内的杂物随时清理。

⑪安装管沟和洞口过梁的型号、标高必须正确,底灰饱满;如坐灰超过 20mm 厚,可用细石混凝土铺垫,两端搭墙长度应一致。

⑫基础大放脚砌至基础上部时,要拉线检查轴线及边线,保证基础墙身位置正确。同时还需对照皮数杆的皮数及高度,如有偏差,应在水平灰缝中逐渐调整,使砌体的皮数与皮数杆一致。

⑬基础砌至防潮层时,需用水平仪找平,位置在底层室内地面以下一皮砖处,即离底层室内地面下 60mm。防潮层施工时,应将墙顶活动砖重新砌好,清扫干净,浇水湿润,随即抹防水砂浆。设计无规定时,一般厚度为 15 ~20mm,防水粉掺量为水泥质量的 3% ~5%。

⑭砌完基础,应及时清理基槽(坑)内杂物和积水,做好成品保护,准备基础工程验收。

⑮工程验收后,应及时进行回填,在两侧同时回填土,并分层夯实。

2. 质量要求和保证措施

(1)原材料必须逐车过磅,计量准确,搅拌时间要达到规定的要求,砂浆试块应由专人负责制作与养护。

(2)大放脚两侧边收边退要均匀,砌到基础墙身时,要拉线找出正确的轴线和边线,砌筑时保持墙身垂直。

(3)一砖半墙及以上墙体必须双面挂线,一砖墙反手挂线,舌头灰随砌随刮平。

(4)盘角时灰缝要掌握均匀,每层砖都要与皮数杆对齐,准线要绷紧拉平。砌筑时要左右照顾,避免接槎处高低不平。

(5)抄平放线时,要细致认真;钉皮数杆的木桩要牢固,防止碰撞松动。皮数杆立完后,要复验,确保皮数杆高度一致。

(6)应随时注意所砌皮数,保证按皮数杆标明的位置埋置埋入件和拉结筋;拉结筋外露部分不得任意弯折,并保证其长度符合实际要求。

(7)砌体的转角和交接处应同时砌筑,否则应砌成斜槎。

(8)有高低台的基础应先砌低处,并由高处向低处搭接,如无设计要求,其搭接长度不应小于基础扩大部分的高度。

(9)砌筑时,高差不宜过大,一般不得超过一步架的高度。

(10)灰缝要饱满,每次收砌退台时应用稀砂浆灌缝,使立缝密实,以抵御水的侵蚀。

(11)防潮层与基层黏结牢固,防水砂浆收水后要抹压平整、密实。

3. 成品保护

(1)基础砌完后,未经有关人员复查前,对轴线桩、水平桩或龙门板应注意保护,不得碰撞。

(2)对外露或预埋在基础内的暖卫、电气套及其他预埋件,应注意保护,不得损坏。

(3)应保护抗震构造柱钢筋和拉结筋,不得踩倒、弯折。

(4)基础墙回填土,两侧应同时进行,暖气沟墙未填土的一侧应加支撑,防止回填时挤歪挤裂。回填土应分层夯实,不允许向槽内灌水取代夯实。

(5)回填土运输时,先将墙顶保护好,不得在墙上推车,以免损坏墙顶和碰撞墙体。

4. 安全环境防护措施

(1)建立健全安全环保责任制度、技术交底制度、检查制度等各项管理制度。

(2)现场施工用电严格按照《施工现场临时用电安全技术规范》(JGJ 46—2005)执行。

(3)施工机械严格按照《建筑机械使用安全技术规程》(JGJ 33—2001)执行。

(4)现场各施工面安全防护设施应齐全有效。作业前必须检查工具、设备、现场环境等,确认安全后方可作业。要认真查看在施工洞口,临边安全防护和脚手架护身栏、挡脚板、立网是否齐全、牢固;脚手板是否按要求间距放正、绑牢,有无探头板和空隙。

(5)个人防护用品应正确使用。进入施工现场的人员必须戴好安全帽,系好下颏带;按照作业要求正确穿戴个人防护用品,着装要整齐;在没有可靠安全防护设施的高处(2m以上含2m)施工时,必须系好安全带;高处作业不得穿硬底和带钉易滑的鞋,不得向下投掷物料,严禁赤脚穿拖鞋、高跟鞋进入施工现场。

(6)现场实行封闭化施工,有效控制噪声、扬尘、废物排放。

(7)施工中应定期对施工机械进行检查、维修,保证机械使用安全。

(8)搅拌机系统运行前,应检查各系统是否良好,下班后应切断电源,电源箱应上锁。

(9)搅拌机运行中严禁用铁铲伸入滚筒内扒料,也不得将异物伸入传动部分,发现故障应停车检修。

(10)清理搅拌斗下的砂石,清扫闸门及搅拌器,应在切断电源后进行。在送料斗提升过程中严禁在斗下敲击斗身或从斗下通过。

(11)基础砌筑前,必须仔细检查槽坑,如有塌方危险或支撑不牢固,要采取可靠措施。

(12)施工过程中,要随时观察周围土层情况,发现裂缝和其他不正常情况时,应立即离开危险点,采取必要措施后才能继续施工。

(13)基槽外侧1m以内严禁堆物。砌筑2m以上深基础时,应设有爬梯和坡道,不得攀跳槽、沟、坑。不得站在基础墙顶上行走、作业。

(14)当采用搭设运输道运送材料时,要随时观察基坑内的操作人员,以防砖块等失落伤人。

(15)基槽深度超过1.5m时,运输材料要使用机具或溜槽,运料不得碰撞支撑,基坑上方周边应设高度为1.2m的安全防护栏杆。

(16)施工场所,应保持整洁,做到“工完、料净、场地清”,坚持文明施工。

(17)因砂浆搅拌而产生的污水,应经过沉淀后排入指定地点。

(18)落地砂浆,应及时回收,回收时不得夹有杂物,并应及时运至拌和地点,掺入新砂浆中拌和使用。

(19)冬季施工遇有霜、雪时,必须将脚手架上、沟槽内等作业环境内的霜、雪清除后方可作业。

运输中通过沟槽时应走便桥,便桥宽度不得小于1.5m。

5. 季节性施工措施

《砌体工程施工质量验收规范》(GB 50203—2002)规定:当室外日平均气温连续5d低于5℃时,砌体工程应采取冬期施工措施。冬期施工期限以外,当日最低气温低于0℃时,也应采取冬期施工措施。气温根据当地气象资料确定。雨期施工指在降雨量超过年降雨量50%以上的降雨集中季节进行的施工。

(1)冬、雨期施工的一般规定

①当室外日平均气温连续5d低于5℃时,砌体工程应采取冬期施工措施。当室外日平均气温连续5d稳定高于5℃时即解除冬期施工。

②砌体工程冬期施工要有完整的冬期施工方案。

③砂浆宜优先采用普通硅酸盐水泥拌制,冬期砌筑不得使用无水泥拌制的砂浆。

④混凝土小型空心砌块不得采用冻结法施工,加气混凝土砌块承重墙体及围护外墙不宜冬季施工。

⑤冬期施工的工程,应进行质量控制,在施工日记中除应按常规要求外,尚应记录室外空气温度、砌筑时砂浆温度、外加剂掺量以及其他有关资料。

⑥雨期施工主要以预防为主,采取防雨措施及加强排水手段,确保雨期施工正常进场,不受季节气候的影响。

⑦雨天施工不得使用过湿的砌块,以避免砂浆流淌,影响砌体质量。

(2)冬期施工

①冬期施工的技术准备如下:与工程所在地的气候部门取得联系,了解气象资料。根据气象预报,以及当地施工经验资料或历年气象资料估计冬期施工时间;做好施工前准备工作,包括设备检查,防寒保温材料储备,暂设热源等;对水泥、外加剂等产品进场后取样送检,经复检合格后,方准使用。

②冬期施工的材料要求如下:石灰膏,电石膏等应防止受冻,如遭冻结,应经融化后使用;拌制砂浆用砂,不得含有冰块和大于10mm的冻结块;砌体用砖或其他块材不得遭水冻融;冬期施工砖石材料应达到国家标准要求;防冻剂与微沫剂应使用经省、市以上部门鉴定并认证的产品;砂浆的流动性应满足砌筑要求,在特殊情况下尚应满足抗冻性及防腐蚀性等方面的要求;砂浆宜优先采用普通硅酸盐水泥拌制,冬期砌筑不得使用无水泥拌制的砂浆。

③冬期施工可采取的措施有外加剂法、冻结法和暖棚法三种。

外加剂法是指在砂浆中掺入一定量的防冻剂,利用这种掺有外加剂的砂浆进行冬期砌筑施工的方法。砂浆中掺有一定量的防冻外加剂后,能降低砂浆的冰点,使砂浆能够在负温条件下硬化,促进水泥加速水化反应,使砂浆获得一定的早期强度而不受冻结,并在负温条件下保存强度继续增长,达到砂浆抗冻早强的目的。

冻结法是指采用不掺有化学外加剂的普通水泥砂浆或水泥混合砂浆进行砌筑,砌体砌筑完毕后,不需使用加热保温等附加措施的一种冬期施工方法。砌筑完成后任其冻结,砂浆冻结期间其强度不增长,靠砂浆与砖以及砌块间黏结,保存砌体稳定。待气温升高后,砂浆解冻其强度增长,砌体强度也随之增长。

为保证砌体在冻结期间稳定和均匀沉降,施工时应遵守下列规定:每日砌筑高度及临时间断处的高度差,均不得大于1.2m;每一楼层的砌体砌筑完后,应及时安装梁板,并应采取适当的锚固措施;跨度大于0.7m的过梁,应采用预制构件。跨度较大的梁、悬挑构件,在砌体解冻前应在下面设临时支撑,当砌体强度达到设计强度的80%时,方可拆除临时支撑;留置在砌体中的洞口和沟槽等,宜在解冻前填砌完毕。

暖棚法是在砌体砌筑地点搭设暖棚,砌体在暖棚内砌筑。暖棚法适用与地下工程、基础工程以及工程量比较小又急于施工的砌体结构。

采用暖棚法施工应注意如下事项:棚内温度要求一般不低于5℃;对暖棚的加热优先采用热风机装置,如利用天然气,焦炭炉或火炉等加热,施工时应严格注意安全防火或煤气中毒;搭设的暖棚要求坚实牢固,并要整齐而不过于简陋;施工中应做好同条件砂浆试块的制作与养护,并同时做好测温工作。

(3)雨期砌体工程施工

①雨期施工的技术要求:要经常测定砂、石的含水率,控制用水量及时调整混凝土、砂浆的配合比;雨季施工不宜使用过湿的砂石,以免影响砌体质量,水泥在雨期必须集中堆放遮盖;砌体砂浆的拌和量不宜过多,应以能满足砌筑需要为宜,拌好的砂浆要注意防止雨水的冲刷;雨天施工,砂浆的稠度可适当减小,并加以覆盖,以防雨水的冲刷,雨前施工的新砌体和新浇筑的混凝土均应用塑料布覆盖,受雨水冲刷过的新砌体,应翻砌最上面两皮砖;用防雨布遮盖砌体,防止砌块内水分饱和,不得使用过湿的砌块,以免砂浆流淌,使墙体发生位移;雨天运输混凝土、砂浆时,容器上要加以覆盖,以防进水;混凝土施工阶段应掌握天气变化情况,预先考虑好在大雨情况下施工缝的留置位置;雨后继续施工,需复核已完工砌体的垂直度和标高;并检查砌体灰缝,对于受雨水冲刷严重的地方必须采取必要的补救措施。

②雨期施工的防范措施:砖、砌块、砂集中堆放在地势较高处,并覆盖挡雨布,以减少雨水的大量浸入;雨量为小雨以上时,应停止砌筑,对已砌筑的墙体宜加遮盖。继续施工时,必须复核墙体的垂直度;适当减小水平缝厚度,铺灰不宜过长,砂浆随拌随用,避免大量堆积,每天砌筑高度以不超过1.2m为宜。

(三)引导问题

1. 砖基础一般采用哪种砌筑方法和哪种组砌形式?
2. 请画出六皮三收等高式大放脚丁字交接处的分皮摆砖大样图。
3. 砖基础砌筑组砌形式为何要遵循上下错缝、里外搭砌的原则?如何保证?
4. 简述砖基础施工工艺流程。
5. 砖基础施工中如何保证砌筑横平竖直、砂浆饱满、灰缝均匀?
6. 砖基础施工时应该采取哪些措施确保施工安全?
7. 在冬、雨季节进行砖基础施工时,应该注意哪些方面?
8. 施工方案应该包括哪些主要内容?

四、任务实施

1. 将本书附录一中基础施工图中的砖基础按照小组数分成几段，各小组各自砌筑其中一段，根据计划在实训基地领取所需材料及工具。

2. 各小组组织安全教育学习，检查并做好安全防护措施。

3. 学习砖基础施工工艺流程及施工要点，并对小组成员合理分工明确任务。

4. 通过录像和实训指导老师指导进行砌筑一段砖基础。

5. 各小组讨论总结砌筑砖基础过程的经验教训，并结合前一任务完成的准备工作，编制本书附录一中该项目的砖基础工程施工方案。

五、评价与反馈

1. 学生自我评价

(1)完成此次任务过程中存在的主要问题有哪些？

(2)分析出现问题的原因，并提出相应的解决办法。

(3)你认为还需加强哪些方面的指导？

2. 学习工作过程评价表

请填写任务评价表(表1-9)。

任务评价表　　表 1-9

考核项目	分数			学生自评（30%）	小组互评（30%）	教师评价（40%）	小计
	差	中	好				
是否具备团队合作精神	1.5	3	5				
是否积极参与活动	1.5	3	5				
工作过程安排是否合理规范	6	12	20				
是否遵守劳动纪律	1.5	3	5				
资料收集是否准确、快捷	1.5	3	5				
应变能力是否强，回答问题是否准确	4.5	9	15				
安全环保注意事项考虑是否周全	4.5	9	15				
砖基础工程砌筑操作是否正确、快捷	4.5	9	15				
砖基础工程施工方案是否完整、详实、正确	4.5	9	15				
总计	30	60	100				
教师签字：　　年　月　日						得分	

任务单元三　砖基础质量验收

一、任务描述

每小组对在前任务单元完成的一段砖基础工程进行检验批和分项工程的质量检查与验收，并填写相关表格做好自检资料。

二、学习目标

通过本任务的学习，你应当能：

1. 根据相关规范和设计图纸要求，对砖基础工程检验批进行自检；
2. 汇总相关资料，做好自检的相关资料并进行自评；
3. 汇总检验批自检资料进行分项工程自检并自评，做好相关资料的填报和汇总。

三、学习准备

（一）知识要点

1. 砖基础工程质量验收标准的一般规定

（1）砌体工程所用的材料应有产品的合格证书、产品性能检测报告。对于块材、水泥、钢筋、外加剂等尚应有材料主要性能的进场复验报告。严禁使用国家明令淘汰的材料。

（2）在有冻胀环境和条件的地区，地面以下或防潮层以下的砌体不宜采用多孔砖。

（3）砌筑砖砌体时，砖应提前 1～2d 浇水湿润。烧结普通砖含水率宜为 10%～15%，灰砂砖、粉煤灰砖含水率宜为 5%～8%（现场检验砖的含水率的简易方法是采用断砖法，当砖截面四周融水深度为15～20mm时，视为符合要求的适宜含水率）。

砌筑基础前，应校核放线尺寸，允许偏差应符合表1-10的规定。

放线尺寸的允许偏差 表1-10

长度 L、宽度 B(m)	允许偏差(mn)	长度 L、宽度 B(m)	允许偏差(mn)
$L(B) \leqslant 30$	±5	$60 < L(B) \leqslant 90$	±5
$30 < L(B) \leqslant 60$	±10	$L(B) > 90$	±20

(4)采用铺浆法砌筑时，铺浆长度不得超过750mm；施工期间气温超过30℃时，铺浆长度不得超过500mm。

(5)砌筑顺序应符合下列规定：

①当基底标高不同时，应从低处砌起，并由高处向低处搭砌。当设计无要求时，搭接长度不应小于基础扩大部分的高度。

②砌体的转角处和交接处应同时砌筑。当不能同时砌筑时，应按规定留槎、接槎。

(6)施工脚手眼补砌时，灰缝应填满砂浆，不得用干砖填塞。

(7)设计要求的洞口、管道、沟槽，应于砌筑时正确留出或预埋，未经设计同意，不得打凿墙体和在墙体上开凿水平沟槽。宽度超过300mm的洞口上部，应设置过梁。

(8)施工时，施砌的蒸压(养)砖的产品龄期不应小于28d。

(9)竖向灰缝不应出现透明缝、瞎缝和假缝。

(10)临时间断处补砌时，必须将接槎处表清理干净，浇水湿润，并填实砂浆，保持灰缝平直。

2.砖基础工程质量验收标准的主控项目

(1)砖和砂浆的强度等级必须符合设计要求。

抽检数量执行《砌体工程施工质量验收规范》(GB 50203—2002)第5.2.1条的规定。

(2)砌体水平灰缝的砂浆饱满度不得小于80%。

(3)砖砌体的转角处和交接处应同时砌筑，严禁无可靠措施的内外墙分砌施工。对不能同时砌筑而又必须留置的临时间断处应砌成斜槎，斜槎水平投影长度不应小于高度的2/3。

每检验批抽检20%接槎，且不少于5处。

检验方法：观察检查。

(4)砖砌体的位置及垂直度允许偏差应符合表1-11的规定。

砖砌体的位置及垂直度允许偏差 表1-11

项次	项　目			允许偏差(mm)	检验方法
1	轴线位置偏移动			10	用经纬仪和尺量检查或用其他测量仪器检查
2	垂直度	每层		5	用2m托线板检查
		全高	≤10m	10	用经纬仪、吊线和尺量检查，或用其他测量仪器检查
			>10m	20	—

3.砖基础工程质量验收标准的一般项目

(1)砖砌体组砌方法应正确，上、下错缝，内外搭砌。

(2)砖柱的灰缝应横平竖直,厚薄均匀。水平灰缝厚度宜为10mm,但不小于8mm,也不应大于12mm。

检查方法:用尺量10皮砖砌体高度折算。

(3)砖砌体的一般尺寸允许偏差应符合表1-12的规定。

砖砌体的一般尺寸允许偏差

表1-12

项次	项目		允许偏差(mm)	检验方法	抽检数量
1	基础顶面和楼面标高		±15	用水平仪和尺量检查	不应少于5处
2	表面平整度	清水墙、柱	5	用2m靠尺和楔形塞尺检查	有代表性自然间10%,但不应少于3间,每间不应少于2处
		混水墙、柱	8		
3	门窗洞口高、宽(后塞口)		±5	用尺量检查	检验批洞口的10%,且不应少于5处
4	外墙上下窗口偏移		20	以底层窗口为准,用经纬仪或吊线检查	检验批的10%,且不应少于5处
5	水平灰缝平直度	清水墙	7	拉10m线和尺量检查	有代表性自然间5%,但不应少于3间,每间不应少于2处
		混水墙	10		
6	清水墙游丁走缝		20	吊线和尺量检查,以每层第一皮砖为准	有代表性自然间10%,但不应少于3间,每间不应少于2处

4. 资料核查项目

(1)水泥、砖等主要材料的出场合格证,要求为按批量出场的原件。

(2)水泥、砖等主要材料进场按批量的见证取样单及复检试验报告单。

(3)砂浆配合比报告单及砂浆试块强度检验报告单。

(4)施工隐蔽记录、检验批及分项工程质量检验记录。

(二)引导问题

1. 砖基础工程的检验批数量如何划分?质量验收的检查方法有哪些?
2. 常用的质量检测工具如何使用?
3. 砖基础的质量标准的主控项目是什么?
4. 砖基础的质量标准的一般项目是什么?
5. 检验批如何组织验收?验收程序是哪些?验收资料有哪些?
6. 分项工程如何组织验收?验收程序是哪些?验收资料有哪些?

四、任务实施

1. 各小组领取检测工具,并熟悉检测工具的使用方法。

2. 各小组按照质量验收规范对自己砌筑的砖基础进行质量检查,并记录填写自检资料(表1-13)。

砖基础工程检验批质量验收记录　　表1-13

工程名称			分项工程名称			
验收部位			施工单位			
项目负责人			专业工长		施工班组长	
施工执行标准及编号						
质量验收规范的规定			施工单位检查评定记录			监理（建设）单位验收记录
主控项目	1. 砖强度等级必须符合设计要求					
	2. 砂浆强度等级必须符合设计要求					
	3. 砖砌体转角处和交接处应同时砌筑，严禁无可靠措施的内外墙分砌施工，临时间断处砌成斜槎，斜槎水平投影长度不应小于高度的2/3					
	4. 留槎正确，拉结筋应符合规范规定		留槎正确，拉结筋按设计和规范进行设置			
	5. 砂浆饱满度					
	6. 轴线位移					
	7. 垂直度	每层				
		全高				
一般项目	1. 组砌方法应正确		符合设计和施工规范要求			
	2. 水平灰缝厚度宜为8～12mm					
	3. 基础顶面、楼面标高					
	4. 表面平整度	清水墙柱				
		混水墙柱				
	5. 门窗洞口高宽（后塞口）					
	6. 外墙上下窗口偏移					
	7. 水平灰缝平直度	清水墙柱				
		混水墙柱				
	8. 清水墙游丁走缝					
共实测　　，其中合格　　点，不合格　　点，合格点率　　%						
施工单位检查评定结果	项目专业质量检查员：　　项目专业质量（技术）负责人：　　年　月　日					
监理（建设）单位验收结论	监理工程师（建设单位项目技术负责人）：　　年　月　日					

3. 汇总施工材料的相关资料，并根据自检资料的检测数据进行检验批的自评。

4. 将各个小组的检验批自检资料汇总进行分项工程自检并自评，做好相关资料的填写和汇总。

五、评价与反馈

1. 学生自我评价

(1)完成此次任务过程中存在的主要问题有哪些？

(2)分析出现问题的原因，并提出相应的解决办法。

(3)你认为还需加强哪些方面的指导？

2. 学习工作过程评价表

请填写任务评价表(表1-14)。

任务评价表　　表1-14

考核项目	分数			学生自评（30%）	小组互评（30%）	教师评价（40%）	小计
	差	中	好				
是否具备团队合作精神	1.5	3	5				
是否积极参与活动	1.5	3	5				
工作过程安排是否合理规范	6	12	20				
是否遵守劳动纪律	1.5	3	5				
资料收集是否准确、快捷	1.5	3	5				
应变能力是否强，回答问题是否准确	4.5	9	15				
砖基础工程质量检查操作是否正确、快捷	4.5	9	15				
砖基础工程检验批自评程序是否符合规范，资料是否齐全	4.5	9	15				
砖基础工程分项工程自评程序是否符合规范，资料是否齐全	4.5	9	15				
总　计	30	60	100				
教师签字：　　年　月　日						得　分	

学习情境二　砖砌体结构主体施工

任务单元一　砖砌体结构主体施工准备

一、任务描述

现有某砖混结构建筑工程，根据本书附录一中的施工图，完成该工程主体施工的施工准备工作，包括根据计算出的主体工程量来确定所需材料、机具和劳动力的需求计划填写相关表格，完成作业条件的检查验收和材料的进场检验，并填写相关验收记录。

二、学习目标

通过本任务的学习，你应当能：

1. 根据工程图纸及相关资料准确计算工程量；
2. 根据工程量计算所需材料、机具和劳动力的需求计划；
3. 对主体施工所需材料进行进场验收并填写建筑材料报审表。

三、学习准备

（一）基本概念

扣件式钢管脚手架的特点是：通用性强，搭设高度大，装卸方便，坚固耐用。

1. 基本构造

（1）钢管杆件：一般采用外径 48mm、壁厚 3.5mm 的焊接钢管或无缝钢管，也有采用外径 50～51mm，壁厚 3～4mm 的焊接钢管或无缝钢管。

扣件式钢管脚手架由立杆、大横杆、小横杆、斜撑、剪刀撑与抛撑等组成。立杆、大横杆、斜杆的钢管最大长度不宜超过 6.5m，小横杆的钢管长度宜在 1.5～2.5m 之间。多立杆式脚手架按立杆布置方式分为双排和单排脚手架。脚手架构造见图 2-1。

（2）扣件（图 2-2）：直角扣件见图 2-2a），回转扣件见图 2-2b），对接扣件见图 2-2c）。

（3）脚手板：一般可用厚 2mm 的钢板压制而成，长度为 2～4m，宽度为 250mm，表面应有防滑措施。也可采用厚度不小于 50mm 的杉木或松木板，长度为 3～6m，宽度为 200～250mm，或者采用竹脚手板。

（4）连墙杆：连墙杆将立杆与主体结构连接在一起，可有效防止脚手架的失稳与倾覆。

（5）底座：底座一般采用厚 8mm，边长为 150～200mm 的钢板作底板，上焊高 150mm 的钢管。底座有内插式和外套式两种形式。内插式的外径比立杆内径小 2mm，外套式的内径比立杆外径大 2mm，见图 2-3。

2. 脚手架组成的基本要求

（1）脚手架中心节点处必须同时设置立柱、纵向与横向水平杆。

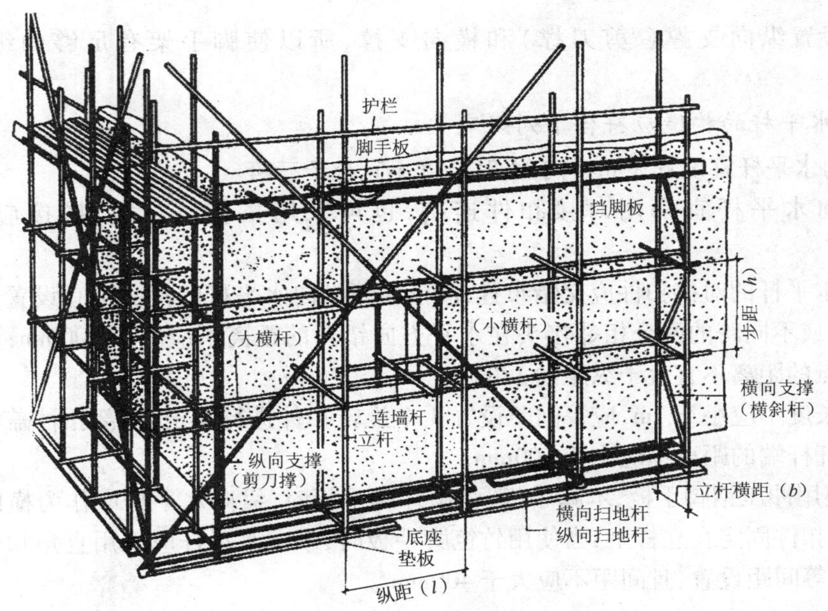

图 2-1　脚手架构造图

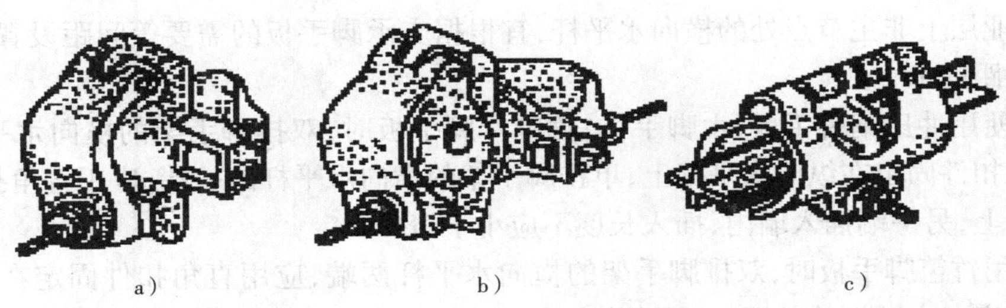

a)　b)　c)

图 2-2　扣件

a) 直角扣件；b) 回转扣件；c) 对接扣件

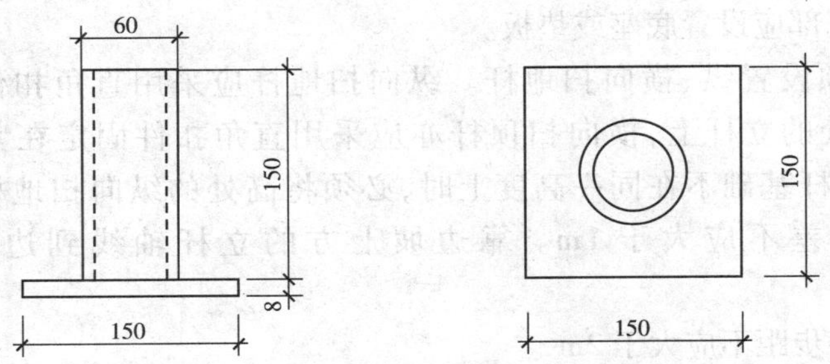

图 2-3　脚手架底座(尺寸单位:mm)

(2)扣件螺栓拧紧力矩在 40～60N·m 之间，以保证节点有足够的刚度和传递荷载的能力。

(3)在脚手架和建筑物之间，必须按要求设置足够数量、分布均匀的连墙件，以防止脚手架失稳。

(4)脚手架立柱的地基与基础必须坚实，应有足够的承载能力，防止不均匀的沉降或过大的沉降。

(5)因设置纵向支撑(剪刀撑)和横向支撑,所以使脚手架有足够的纵向和横向刚度。

3. 纵向水平杆的构造应符合下列规定

(1)纵向水平杆宜设置在立杆内侧,其长度不宜小于三跨。

(2)纵向水平杆宜采用对接扣件连接,也可采用搭接。对接、搭接应符合下列规定:

①纵向水平杆的对接扣件应交错布置;两根相邻纵向水平杆的接头不宜设置在同步或同跨内;不同步或不同跨的两个相邻接头在水平方向错开的距离不应小于500mm;各接头中心至最近主节点的距离不宜大于纵距的1/3。

②搭接长度不应小于1m,应等间距设置3个旋转扣件进行固定,端部扣件盖板边缘至搭接纵向水平杆杆端的距离不应小于100mm。

(3)当使用冲压钢脚手板、木脚手板、竹串片脚手板时,纵向水平杆应作为横向水平杆的支座,用直角扣件固定在立杆上;当使用竹笆脚手板时,纵向水平杆应采用直角扣件固定在横向水平杆上,等间距设置,且间距不应大于400mm 。

4. 横向水平杆的构造应符合下列规定

(1)主节点处必须设置一根横向水平杆,用直角扣件扣接且严禁拆除。

(2)作业层上非主节点处的横向水平杆,宜根据支承脚手板的需要等间距设置,最大间距不应大于纵距的1/2。

(3)当使用冲压钢脚手板、木脚手板、竹串片脚手板时,双排脚手架的横向水平杆两端均应采用直角扣件固定在纵向水平杆上;单排脚手架的横向水平杆的一端,应用直角扣件固定在纵向水平杆上,另一端插入墙内,插入长度不应小于180mm。

(4)使用竹笆脚手板时,双排脚手架的横向水平杆两端,应用直角扣件固定在立杆上;单排脚手架的横向水平杆的一端,应用直角扣件固定在立杆上,另一端插入墙内,插入长度亦不应小于180mm。

5. 立杆的构造要求

(1)每根立杆底部应设置底座或垫板。

(2)脚手架必须设置纵、横向扫地杆。纵向扫地杆应采用直角扣件固定在距底座上皮不大于200mm处的立杆上,横向扫顶杆亦应采用直角扣件固定在紧靠纵向扫地杆下方的立杆上。当立杆基础不在同一高度上时,必须将高处的纵向扫地杆向低处延长两跨与立杆固定,高低差不应大于1m。靠边坡上方的立杆轴线到边坡的距离不应小于500mm。

(3)脚手架底层步距不应大于2m 。

(4)立杆必须用连墙件与建筑物连接可靠。

(5)立杆除顶层顶步外,其余每层每步接头必须采用对按扣件连接。

(6)立杆顶端宜高出女儿墙上皮1m,高出檐口上皮1.5m。

(7)双管立杆中副立杆的高度不应低于3步,钢管长度不应小于6m。

6. 常用脚手架设计尺寸

常用敞开式单、双排脚手架结构设计尺寸,宜按表2-1和表2-2采用。

常用敞开式双排脚手架的设计尺寸(单位:m)　　表 2-1

连墙件设置	立杆横距 l_b	步距 H	下列荷载时的立杆纵距 l_a				脚手架允许搭设高度[H]
			2+4×0.35 (kN/m²)	2+2+4×0.35 (kN/m²)	3+4×0.35 (kN/m²)	3+2+4×0.35 (kN/m²)	
二步三跨	1.05	1.20~1.35	2.0	1.8	1.5	1.5	50
		1.80	2.0	1.8	1.5	1.5	50
	1.30	1.20~1.35	1.8	1.5	1.5	1.5	50
		1.80	1.8	1.5	1.5	1.2	50
	1.55	1.20~1.35	1.8	1.5	1.5	1.5	50
		1.80	1.8	1.5	1.5	1.2	37
三步三跨	1.05	1.20~1.35	2.0	1.8	1.5	1.5	50
		1.80	2.0	1.5	1.5	1.5	34
	1.30	1.20~1.35	1.8	1.5	1.5	1.5	50
		1.80	1.8	1.5	1.5	1.2	30

注:1. 表中所示 2+2+4×0.35(kN/m²),包括下列荷载:2+2(kN/m²)是二层装修作业层施工荷载;4×0.35(kN/m²)包括二层作业层脚手板,另两层脚手板是根据规定确定的。

(1)脚手架应铺满铺稳。

(2)采用对接或搭接时,均应符合《建筑施工扣件式钢管脚手架安全技术规范》(JGJ 130—2001)第 6.2.3 条的规定;脚手板探头应用直径 3.2mm 的镀锌钢丝固定在支承杆件上。

(3)在拐角斜道平台处的脚手板,应与横向水平杆可靠连接,防止滑支。

(4)自顶层作业时,宜每隔 12m 满铺一层脚手板。

2. 作业层横向水平杆间距,应按不大于 $l_a/2$ 设置。

常用敞开式单排脚手架的设计尺寸(单位:m)　　表 2-2

连墙件设置	立杆横距 l_b	步距 h	下列荷载时的立杆纵距 l_a		脚手架允许搭设高度[H]
			2+2×0.35 (kN/m²)	3+2×0.35 (kN/m²)	
二步三跨	1.20	1.20~1.35	2.0	1.8	24
		1.80	2.0	1.8	24
三步三跨	1.40	1.20~1.35	1.8	1.5	24
		1.80	1.8	1.5	24

注:1. 表中所示 2+2+4×0.35(kN/m²),包括下列荷载:2+2(kN/m²)是二层装修作业层施工荷载;4×0.35(kN/m²)包括二层作业层脚手板,另两层脚手板是根据规定确定的。

(1)脚手架应铺满铺稳。

(2)采用对接或搭接时均应符合《建筑施工扣件式钢管脚手架安全技术规范》(JGJ 130—2001)第 6.2.3 条的规定;脚手板探头应用直径 3.2mm 的镀锌钢丝固定在支承杆件上。

(3)在拐角斜道平台处的脚手板,应与横向水平杆可靠连接,防止滑支。

(4)自顶层作业时,宜每隔 12m 满铺一层脚手板。

2. 作业层横向水平杆间距,应按不大于 $l_a/2$ 设置。

（二）知识要点

1. 砖墙工程量计算

（1）计算规则

①应区分不同墙厚和砌筑砂浆种类，以立方米计算。

②应扣除：门窗洞口、过人洞、空圈，嵌入墙身的钢筋混凝土柱（如 GZ）、梁（GL、QL 等），以及凹进墙内的壁龛、管槽、暖气槽、消火栓箱所占的体积。

③不扣除：梁头、内外墙板头、檩木、垫木、木楞头、沿椽木、木砖、门窗走头，砖墙内的加固钢筋、木筋、铁件、钢管、每个面积在 $0.3m^2$ 以下的孔洞等所占体积。

④不增加：凸出墙面的窗台虎头砖、压顶线、窗台线、门窗套、三皮砖以内的腰线和挑檐等体积。

⑤并入：砖垛、三皮砖以上的腰线和挑檐等的体积、附墙烟囱（包括附墙通风道、垃圾道）突出墙面的体积（按外形体积）、女儿墙体积，分不同墙厚并入外墙计算，女儿墙高度自外墙顶面算至女儿墙压顶的下皮。

⑥墙体工程量计算规则：凹进墙内的壁龛应扣除。

（2）计算公式

墙体体积 =（墙体长度 × 墙体高度 − 门窗洞口面积）× 墙厚 − 嵌入墙体内的钢筋混凝土柱、圈梁、过梁体积 + 砖垛、女儿墙等体积

（3）墙体长度

外墙长度按外墙的中心线 $L_{中}$ 计算，内墙长度按内墙的净长线 $L_{内}$ 计算。

（4）墙身高度

①外墙墙身高度的确定。

a. 坡屋面无檐口天棚者算至屋面板底。

b. 有屋架且室内外均有天棚者，算至屋架下弦底另加 200mm；无天棚者算至屋架下弦底加 300mm，出檐宽度超过 600mm 时，应按实砌高度计算。

c. 平屋面应算至钢筋混凝土板底。

②内墙墙身高度的确定。

a. 位于屋架下弦者，其高度算至屋架底。

b. 无屋架者，算至天棚底另加 100mm。

c. 有钢筋混凝土楼板隔层者，算至板面。

d. 有框架梁时，应算至框架梁底面（框架结构的填充墙，框架间净长乘以净高）。

③内、外山墙墙身高度按其平均高度计算。

2. 砖墙施工作业条件

（1）砌筑前，基础或下部砌体应经验收合格，砌体处弹好墙身轴线、墙边线、门窗洞口和柱子的位置线。

（2）已办理完基础或下部砌体的验收手续。

（3）完成回填基础两侧及房心土方，并验收合格。

（4）在墙转角处、楼梯间及内外墙交接处，已按标高立好皮数杆；皮数杆的间距以 15 ~ 20m 为宜，并办好预检手续。

（5）砌筑部位（基础或楼板等）的灰渣，杂物清除干净，并浇水湿润。

(6)砂浆由实验室做好试配,确定配合比;准备好砂浆试模。

(7)搭好砌筑用的脚手架,挂好立网和平网;垂直运输机具准备就绪。

(8)项目部建立健全了各项管理制度,管理人员持证上岗;对作业班组进行了质量、安全、技术交底;班组作业人员中、高级工不少于70%,并应具有同类工程的施工经验。

(三)引导问题

请收集相关资料,回答以下问题:

1. 墙体与砖基础的材料有什么不同?为什么?

2. 如何控制墙体材料的质量?材料质量控制过程中,各参与方的责任是什么?

3. 当墙体砌筑到多高时就应该搭设脚手架?脚手架的作用是什么?建筑施工中常见的脚手架类型有哪几种?

4. 在砌体结构中构造柱的作用是什么?

5. 如何控制构造柱材料的质量?

四、任务实施

1. 熟悉图纸

认真阅读施工图纸设计说明,了解所用材料;然后查看结构平面图和剖面图,熟悉轴线尺寸和细部尺寸。

2. 根据图纸计算砖墙的工程量

编制单位工程施工组织设计中的施工进度计划、资源(劳动力、材料、构配件等)需求量计划及主要技术经济指标等,都是以工程量计算结果为依据的。因此,必须按有关要求认真计算工程量。

3. 填写表格

根据劳动定额、机械定额和上面计算出的工程量,并结合实际情况确定所需材料、机具和劳动力的需要量计划,填写表2-3~表2-5。

主要材料需要量计划 表2-3

序号	材料名称	规格	需要量		供应时间	备注
			单位	数量		

施工机械需要量计划 表2-4

序号	机械名称	机械类型(规格)	需要量		来源	使用起始时间	备注
			单位	数量			

劳动力需要量计划 表2-5

序号	工程名称	总劳动量	每月需要量(工日)

4. 对施工前的现场条件进行验收

5. 检查验收进场材料，填写建筑材料报审表（表2-6）

建筑材料报审表　　表2-6

工程名称：________________

<table>
<tr><td colspan="6">致________________（监理单位）：
我方于______年______月______日进场的工程材料如下。现将质量证明文件及自检结果报上。

附件：1. 材料出厂质量证明书（____份）
2. 材料自检试验报告　（____份）

承包单位项目部（公章）：__________　项目负责人（签字）：________　日期：____年____月____日</td></tr>
<tr><td colspan="2">材料名称</td><td></td><td></td><td></td><td></td></tr>
<tr><td colspan="2">材料来源、产地</td><td></td><td></td><td></td><td></td></tr>
<tr><td colspan="2">用途</td><td></td><td></td><td></td><td></td></tr>
<tr><td colspan="2">材料规格</td><td></td><td></td><td></td><td></td></tr>
<tr><td colspan="2">本批材料数量</td><td></td><td></td><td></td><td></td></tr>
<tr><td rowspan="4">施工单位的试验</td><td>试样来源</td><td></td><td></td><td></td><td></td></tr>
<tr><td>取样地点、日期</td><td></td><td></td><td></td><td></td></tr>
<tr><td>试验日期</td><td></td><td></td><td></td><td></td></tr>
<tr><td>试验结果</td><td></td><td></td><td></td><td></td></tr>
<tr><td colspan="2">现场见证取样人签字</td><td></td><td></td><td></td><td></td></tr>
<tr><td colspan="2">专业监理工程师意见
（附审查报告）</td><td>同意 / 不同意</td><td>同意 / 不同意</td><td>同意 / 不同意</td><td>同意 / 不同意</td></tr>
<tr><td colspan="6">项目监理机构（公章）：________　专业监理工程师（签字）：________　日期：____年____月____日
监理工程师（签字）：________　日期：____年____月____日</td></tr>
</table>

本表由承包单位填写，一式三份，审查后建设、监理、承包单位各留一份。

五、评价与反馈

1. 学生自我评价

（1）完成此次任务过程中存在的主要问题有哪些？

____

____

____

(2)分析出现问题的原因，并提出相应的解决办法。

(3)你认为还需加强哪些方面的指导？

2. 学习工作过程评价表

请填写任务评价表(表2-7)。

任务评价表 表2-7

考核项目	分数			学生自评(30%)	小组互评(30%)	教师评价(40%)	小计
	差	中	好				
是否具备团队合作精神	1.5	3	5				
是否积极参与活动	1.5	3	5				
工作过程安排是否合理规范	6	12	20				
是否遵守劳动纪律	1.5	3	5				
资料收集是否准确、快捷	1.5	3	5				
应变能力是否强，回答问题是否准确	4.5	9	15				
砖墙体工程量计算是否准确	4.5	9	15				
砖墙体工程人材机计划是否合理	4.5	9	15				
砖墙体材料进场检查资料是否齐全	4.5	9	15				
总计	30	60	100				
教师签字： 年 月 日 得 分							

任务单元二 砖砌体结构主体施工管理

一、任务描述

按照本书附录一中施工图中的内容分成若干施工段，各小组在实训基地完成一个施工段的施工。并结合前一任务完成的准备工作，编制砖主体工程施工方案。

二、学习目标

通过本任务的学习，你应当能：

1. 熟练掌握砖砌体的砌筑方法和组砌形式；
2. 熟练掌握砖砌体主体工程施工的工艺流程；
3. 熟练掌握砖砌体主体工程施工的施工要点；
4. 熟练掌握砖砌体主体工程施工的施工安全环境防护措施；
5. 编制砖砌体主体工程施工方案。

三、学习准备

(一)基本概念

1. 墙体的构造

砖墙根据其厚度不同，可采用全顺、两平一侧、全丁、一顺一丁、梅花丁或三顺一丁的砌筑形式，如图 2-4 所示。

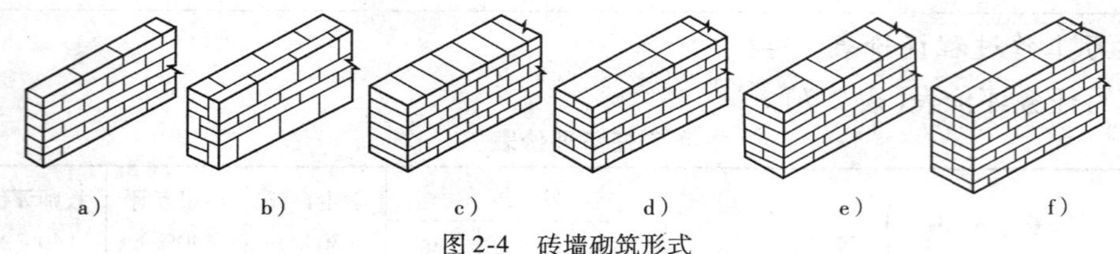

图 2-4　砖墙砌筑形式

a)全顺；b)两平一顺；c)全丁；d)一顺一丁；e)梅花丁；f)三顺一丁

全顺：各皮砖均顺砌，上下皮垂直灰缝相互错开半砖长(120mm)，适合砌半砖厚(115mm)墙。

两平一侧：两皮顺砖与一皮侧砖相间，上下皮垂直灰缝相互错开 1/4 砖长(60mm)以上，适合砌 3/4 砖厚(178mm)墙。

全丁：各皮砖均丁砌，上下皮垂直灰缝相互错开 1/4 砖长，适合砌一砖厚(240mm)墙。

一顺一丁：一皮顺砖与一皮丁砖相间，上下皮垂直灰缝相互错开 1/4 砖长，适合砌一砖及一砖以上厚墙。

梅花丁：同皮中顺砖与丁砖相间，丁砖的上下均为顺砖，并位于顺砖中间，上下皮垂直灰缝相互错开 1/4 砖长，适合砌一砖厚墙。

三顺一丁：三皮顺砖与一皮丁砖相间，顺砖与顺砖上下皮垂直灰缝相互错开 1/2 砖长；顺砖与丁砖上下皮垂直灰缝相互错开 1/4 砖长。适合砌一砖及一砖以上厚墙。

一砖厚承重墙的每层墙的最上一皮砖、砖墙的阶台水平面上及挑出层，应整砖丁砌。

砖墙的转角处、交接处，为错缝需要加砌配砖。

如图 2-5 所示是一砖厚墙一顺一丁转角处分皮砌法，配砖为 3/4 砖，位于墙外角。

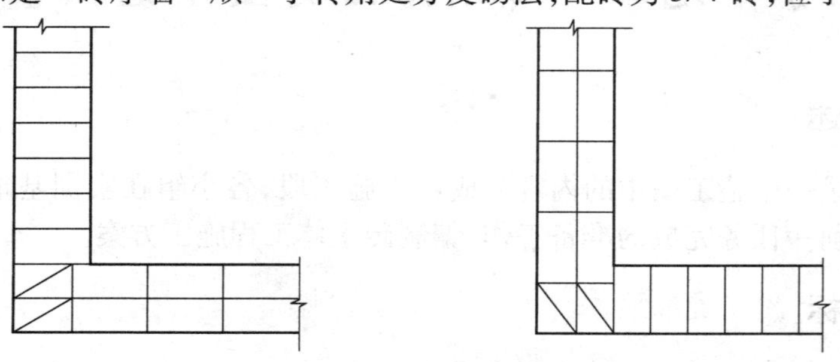

图 2-5　一砖墙一顺一丁转角处分皮砌法

如图 2-6 所示是一砖厚墙一顺一丁交接处分皮砌法，配砖为 3/4 砖，位于墙交接处外面，仅在丁砌层设置。

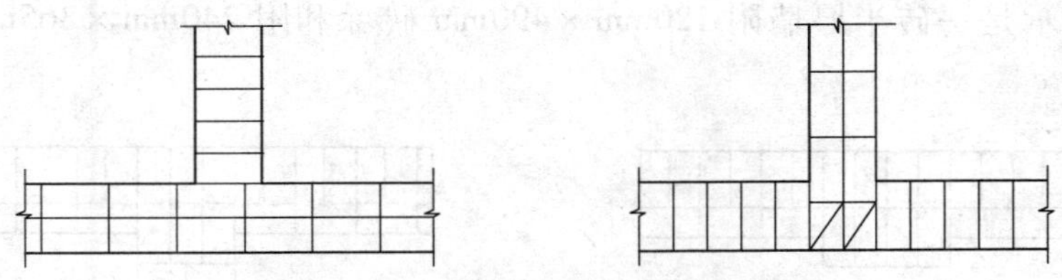

图 2-6　一砖墙一顺一丁交接处分皮砌法

砖墙的水平灰缝厚度和垂直灰缝宽度宜为 10mm，但不应小于 8mm，也不应大于 12mm。

砖墙的水平灰缝砂浆饱满度不得小于 80%；垂直灰缝宜采用挤浆或加浆方法，不得出现透明缝、瞎缝和假缝。

施工脚手眼补砌时，灰缝应填满砂浆，不得用干砖填塞。

设计要求的洞口、管道、沟槽应于砌筑时正确留出或预埋，未经设计同意，不得打凿墙体和在墙体上开凿水平沟槽。宽度超过 300mm 的洞口上部，应设置过梁。

砖墙每日砌筑高度不得超过 1.8m。

砖墙工作段的分段位置，宜设在变形缝、构造柱或门窗洞口处；相邻工作段的砌筑高度不得超过一个楼层的高度，也不宜大于 4m。

2. 砖柱的构造

砖柱应选用整砖砌筑。砖柱断面宜为方形或矩形。最小断面尺寸为 240mm×365mm。

砖柱砌筑应保证砖柱外表面上下皮垂直灰缝相互错开 1/4 砖长，砖柱内部少通缝，为错缝需要应加砌配砖，不得采用包心砌法。

如图 2-7 所示是几种断面的砖柱分皮砌法。

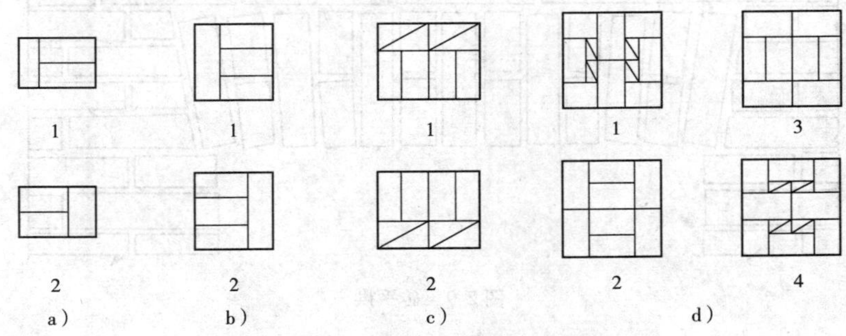

图 2-7　不同断面砖柱分皮砌法

a）240mm×365mm 柱；b）365mm×365mm 柱；c）365mm×490mm 柱；d）490mm×490mm 柱

砖柱的水平灰缝厚度和垂直灰缝宽度宜为 10mm，但不应小于 8mm，也不应大于 12mm。

砖柱水平灰缝的砂浆饱满度不得小于 80%。

成排同断面砖柱，宜先砌成两端的砖柱，以此为准，拉准线砌中间部分砖柱，这样可保证各砖柱皮数相同，水平灰缝厚度相同。

砖柱中不得留脚手眼。

砖柱每日砌筑高度不得超过 1.8m。

3. 砖垛的构造

砖垛应与所附砖墙同时砌起。砖垛最小断面尺寸为 120mm×240mm。

砖垛应隔皮与砖墙搭砌，搭砌长度不应小于 1/4 砖长。砖垛外表面上下皮垂直灰缝应相互错开 1/2 砖长，砖垛内部应尽量少通缝，为错缝需要应加砌配砖。

如图 2-8 所示是一砖半厚墙附 120mm × 490mm 砖垛和附 240mm × 365mm 砖垛的分皮砌法。

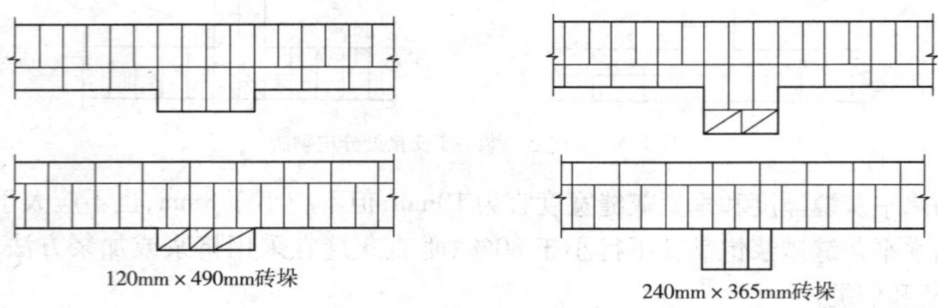

图 2-8 砖垛分皮砌法

4. 砖平拱的构造

砖平拱应用整砖侧砌，平拱高度不小于砖长（240mm）。

砖平拱的拱脚下面应伸入墙内不小于 20mm。

砖平拱砌筑时，应在其底部支设模板，模板中央应有 1% 的起拱。

砖平拱的砖数应为单数，砌筑时应从平拱两端同时向中间进行。

砖平拱的灰缝应砌成楔形。灰缝的宽度，在平拱的底面不应小于 5mm；在平拱的顶面不应大于 15mm，如图 2-9 所示。

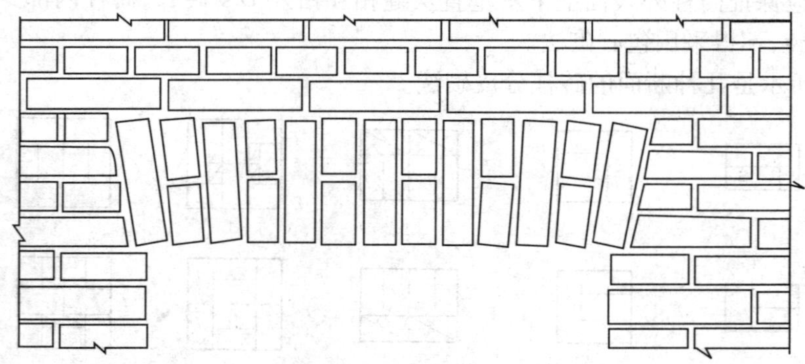

图 2-9 砖平拱

砖平拱底部的模板，应在砂浆强度不低于设计强度 50% 时，方可拆除。

砖平拱截面计算高度内的砂浆强度等级不宜低于 M5。

砖平拱的跨度不得超过 1.2m。

5. 钢筋砖过梁的构造

钢筋砖过梁的底面为砂浆层，砂浆层厚度不宜小于 30mm。砂浆层中应配置钢筋，钢筋直径不应小于 5mm，其间距不宜大于 120mm，钢筋两端伸入墙体内的长度不宜小于 250mm，并有向上的直角弯钩，如图 2-10 所示。

钢筋砖过梁砌筑前，应先支设模板，模板中央应略有起拱。

砌筑时，宜先铺 15mm 厚的砂浆层，把钢筋放在砂浆层上，使其弯钩向上，然后再铺 15mm 砂浆层，使钢筋位于 30mm 厚的砂浆层中间。之后，按墙体砌筑形式与墙体同时砌砖。

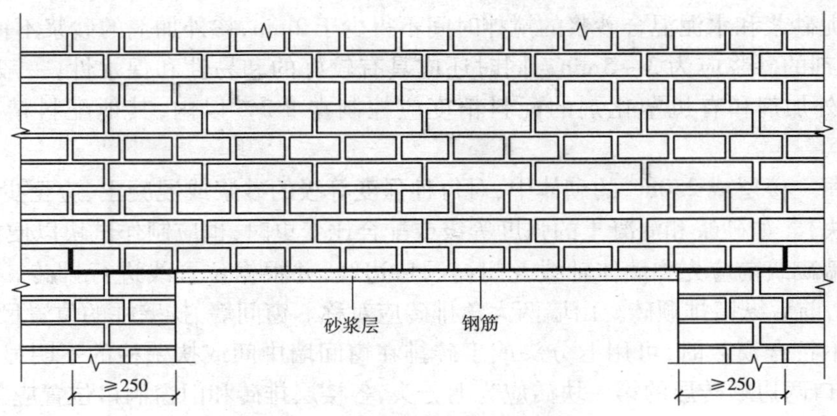

图 2-10　钢筋砖过梁(尺寸单位:mm)

钢筋砖过梁截面计算高度内(7 皮砖高)的砂浆强度不宜低于 M5。

钢筋砖过梁的跨度不应超过 1.5m。

钢筋砖过梁底部的模板,应在砂浆强度不低于设计强度 50% 时,方可拆除。

6. 构造柱的构造

钢筋混凝土构造柱的截面尺寸不宜小于 240mm×240mm,其厚度不应小于墙厚,边柱、角柱的截面宽度宜适当加大。构造柱内竖向受力钢筋,对于中柱不宜少于 4ϕ12;对于边柱、角柱,不宜少于 4ϕ14。构造柱竖向受力钢筋的直径也不宜大于 16mm。其箍筋,一般部位宜采用 ϕ6,间距 200mm,楼层上下 500mm 范围内宜采用 ϕ6,间距 100mm。构造柱的竖向受力钢筋应在基础梁和楼层圈梁中锚固,并应符合受拉钢筋的锚固要求。构造柱的混凝土强度等级不宜低于 C20。

烧结普通砖墙,所用砖的强度等级不应低于 MU10,砌筑砂浆的强度等级不应低于 M5。砖墙与构造柱的连接处应砌成马牙槎,每一个马牙槎的高度不宜超过 300mm,并应沿墙高每隔 500mm 设置 2ϕ6 的拉结钢筋,拉结钢筋每边伸入墙内不宜小于 600mm,如图 2-11 所示。

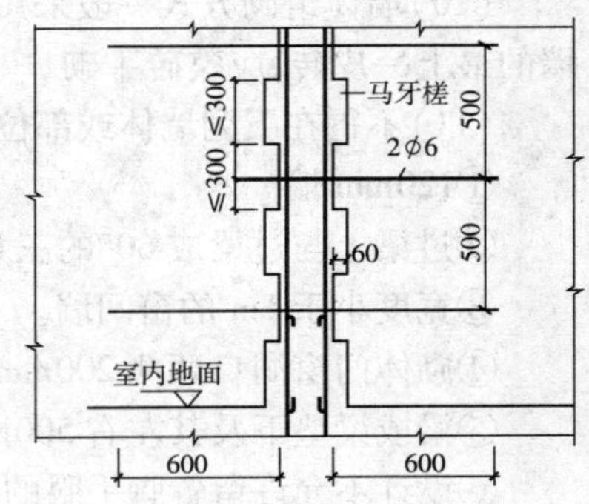

图 2-11　砖墙与构造柱连接(尺寸单位:mm)

构造柱和砖组合墙的房屋,应在纵横墙交接处、墙端部和较大洞口的洞边设置构造柱,其间距不宜大于 4m。各层洞口应设置在对应位置,并宜上下对齐。

构造柱和砖组合墙的房屋,应在基础顶面、有组合墙的楼层处设置现浇钢筋混凝土圈梁。圈梁的截面高度不宜小于 240mm。

(二)知识要点

1. 砖墙施工的工艺流程

砖墙施工的工艺流程:弹线→立皮数杆→确定组砌方法→砖浇水→拌制砂浆→排砖→砌砖→验收。

2. 砖墙的施工要点

(1)砂浆配合比应由实验室确定,采用质量比,砌筑的砂浆必须由机械搅拌均匀,随拌随用。水泥砂浆和混合砂浆分别应在 3h 和 4h 内使用完毕,细石混凝土应在 2h 内用完。

(2)水泥砂浆和水泥混合砂浆的搅拌时间不得少于2min，掺外加剂的砂浆不得少于3min，掺有机塑化剂的砂浆应为3～5min。同时还应具有较好的和易性和保水性，一般稠度以5～7cm为宜。外加剂和有机塑化剂的配料精度应控制在±2%以内，其他配料精度应控制在±5%以内。

(3)在每一楼层或250m³的砌体中，对每种强度等级的砂浆或混凝土，应至少制作一组试块（每组六块）。如砂浆和混凝土的强度等级或配合比变更时，也应制作试块以便检查。

(4)砖墙砌筑前应先弹墙体轴线及门窗洞口边线，并根据位置线进行排砖。外出墙第一层应排丁砖，前后纵墙排顺砖。山墙两大角排砖应对称。窗间墙、扶壁柱的位置尺寸应符合排砖模数，若不符合模数时，可用七分头或丁砖排在窗间墙中间或扶壁柱的不明显部位进行调整。门窗洞口两边顺砖层的第一块砖应为七分头，各楼层排砖和门窗洞口位置应与底层一致。

(5)立皮数杆要保持标高一致，砌墙角时要均匀掌握灰缝，砌筑时小线要拉紧，不得一层线松，一层线紧，以防水平灰缝出现大小不匀。

(6)在砌筑过程中，要经常校核墙体的轴线和边线。当挂线过长时，应检查是否达到平直通顺一致的要求，以防轴线产生位移。

(7)施工洞口可在较大墙上留置，其侧边离交接处墙面不应小于500mm，洞口净宽度不应超过1m。临时施工洞口处补砌时，必须将接槎处表面清理干净，浇水湿润，并填实砂浆，保持灰缝平直。

(8)砌筑砖砌体时，砖应提前1～2d浇水湿润。烧结普通砖、多孔砖含水率宜为10%～15%，灰砂砖、粉煤灰砖含水率宜为5%～8%。

(9)砌砖工程当采用铺砂浆砌筑时，铺浆长度不得超过750mm；若施工时气温超过30℃，则铺浆长度不得超过500mm。

(10)墙体组砌方式一般采用一顺一丁、梅花丁、三顺一丁砌法。240mm厚承重墙的每层墙的最上一皮砖，应整砖丁砌。

(11)不得在下列墙体或部位设置脚手眼：

①120mm墙。

②过梁上与过梁成60°的三角形范围及过梁净跨度1/2的高度范围内。

③宽度小于1m的窗间墙。

④砌体门窗洞口两侧200mm和转角处450mm范围内。

⑤梁或梁垫下及其左右500mm范围内。

⑥设计不允许留置脚手眼的部位。

(12)施工脚手眼的补砌灰缝应填满砂浆，不得用干砖填塞。

(13)砌筑混水墙，应注意溢出墙面的灰渍（舌头灰）应随时刮尽，刮平顺；半头砖应分散使用；首层或楼层的第一皮砖砌筑时要检查皮数杆的层数及标高；一砖厚墙砌筑时外面要拉线，以防出现墙面沾污、通缝、不平直以及砖墙错层造成螺旋墙等弊病。

(14)构造柱砌筑应注意使构造柱砖墙砌成马牙槎，设置好拉结筋，应从柱脚开始先退后进；当齿深为120mm时，上口一皮应先进60mm，后上一皮再进120mm，以保证混凝土浇灌时上角密实；构造柱内的落地灰、砖渣杂物应清理干净，防止夹渣，以免影响构造柱的整体性。

(15)砌筑时，应根据墙体类别和部位选砖。正面砌筑时，应选尺寸合格、棱角整齐、颜色均匀的砖。

(16)砌筑时先盘角，每次不得超过5层，随盘随吊线，使砖的层数、灰缝厚度与皮数杆相符。

(17)砌一砖半厚及其以上的墙应两面挂线，一砖半厚以下的墙可单面挂线。线长时，中间应设支线点，拉紧线后，应穿线看平，使水平缝均匀一致，平直通顺。砌一砖混水墙时宜采用外手挂线，这样可以照顾砖墙两面平整。

(18)实心墙体砌筑方法宜采用一顺一丁、梅花丁(沙包式)、三顺一丁、全顺(仅用于半砖墙)和全丁(仅用于圆弧面墙砌筑)等砌筑形式。

(19)砌砖宜采用一铲灰、一块砖、一挤揉的“三一”砌砖法或采用铺浆法(包括挤浆法和靠浆法)。砖要砌得横平竖直，灰浆饱满，做到“上跟线，下跟棱，左右相邻要对平”。每砌五皮左右要用靠尺检查墙面垂直度和平整度，随时纠正偏差，严禁事后凿墙。

(20)水平和竖向灰缝厚度不应小于8mm，且不应大于12mm，一般为10mm。竖向灰缝不得出现透明缝、瞎缝和假缝。

(21)墙体日砌高度不宜超过1.8m。雨天不宜超过1.2m。雨天砌筑时，砂浆稠度应适当减小，收工时应将砌体顶部覆盖好。

(22)砖墙转角处应同时砌筑，内外墙必须同时砌筑或留斜槎，斜槎长度与高度的比不得小于2/3。临时间断处的高度差不得超过一步脚手架的高度。后砌隔墙、横墙和临时间断处留斜槎有困难时，可留阳槎，并沿墙高每隔500mm、每120mm墙厚预埋一根$\phi6$的钢筋，其埋入长度按设计要求，末端做成90°弯钩。

(23)预留孔洞和穿墙等均应按设计要求砌筑，不得事后凿墙。墙体抗震拉结筋的位置，钢筋规格、数量、间距，均应按设计要求留置，不应错放、漏放。

(24)砌筑门窗口时，若先立门窗框，则砌砖应离开门窗框边3mm左右。若后塞门窗框，则应按弹好的位置砌筑(一般线宽比门窗实际尺寸大10～20mm)。

(25)墙面勾缝一般宜用1:2水泥砂浆。勾凹缝时宜按“从上而下，先平(缝)后立(缝)”的顺序勾缝。勾凸缝时宜先勾立缝后勾平缝。勾缝前应清扫墙面上黏结的砂浆灰尘，并洒水湿润。对于瞎缝应先凿平，深度为6～8mm，然后勾缝。对缺棱掉角的砖，应用与砖同色的砂浆修补。

3. 清水墙的施工要点

(1)在砌筑过程中，要经常校核墙体的轴线和边线，当挂线过长时，应检查是否达到平直通顺一致的要求，以防轴线产生位移。

(2)清水墙砌筑排砖时，必须将立缝排匀，砌完一步高架子，每隔2m间距，应在丁砖立棱处用托线板吊直画线，二步架往上继续吊直弹粉线，由底往上所有2/3砖的长度应保持一致；上层分窗口位置时必须同下层窗口保持垂直，以免墙面出现游丁走缝。

(3)立皮数杆要保持标高一致，盘角时要均匀掌握灰缝，砌筑时小线要拉紧，不得一层线松，一层线紧，以防水平灰缝出现大小不匀。

(4)砂浆配合比应由实验室确定，采用质量比，砌筑的砂浆必须由机械搅拌均匀，随拌随用。水泥砂浆和混合砂浆分别应在3h和4h内使用完毕，细石混凝土应在2h内用完。

(5)水泥砂浆和水泥混合砂浆的搅拌时间不得少于2min，掺外加剂的砂浆不得少于3min，掺有机塑化剂的砂浆应为3～5min。同时还应具有较好的和易性和保水性，一般稠度以5～7cm为宜。外加剂和有机塑化剂的配料精度应控制在±2%以内，其他配料精度应控制在±5%以内。

(6)在每一楼层或250m^{3}的砌体中，对每种强度等级的砂浆或混凝土，应至少制作一组试块(每组六块)。如砂浆和混凝土的强度等级或配合比变更时,也应制作试块以便检查。

(7)砌清水墙时应选择棱角整齐,无弯曲、裂缝及裂纹,颜色均匀,规格一致,敲击时声音响亮的砖。焙烧过火变色、变形的砖可用在基础及不影响外观的内墙上。

(8)砌筑时先盘角,每次不得超过 5 层,随盘随吊线,使砖的层数、灰缝厚度与皮数杆相符。

(9)砌一砖半厚及其以上的墙应两面挂线,一砖半厚以下的墙可单面挂线。线长时,中间应设支线点,拉紧线后,应穿线看平,使水平缝均匀一致,平直通顺。

(10)实心清水墙墙体砌筑方法宜采用一顺一丁、梅花丁(沙包式)、三顺一丁、全顺(仅用于半砖墙)和全丁(仅用于圆弧面墙砌筑)等砌筑形式。

(11)砌砖宜采用一铲灰、一块砖、一挤揉的“三一”砌砖法或采用铺浆法(包括挤浆法和靠浆法)。砖要砌得横平竖直,灰浆饱满,做到“上跟线,下跟棱,左右相邻要对平”。采用铺浆法砌筑时,铺浆长度不得超过 500mm。清水墙面不得有三分头,不得游丁走缝。每砌五皮左右要用靠尺检查墙面垂直度和平整度,随时纠正偏差,严禁事后凿墙。

(12)水平和竖向灰缝厚度宜为 10mm,不应小于 8mm,且不应大于 12mm。

(13)墙体日砌高度不宜超过 1.8m。雨天不宜超过 1.2m。雨天砌筑时,砂浆稠度应适当减小,收工时应将砌体顶部覆盖好。

(14)外墙转角处应同时砌筑。内外墙分开砌筑时必须留斜槎,槎长与高度的比不得小于 2/3。临时间断处的高度差不得超过一步脚手架的高度。后砌隔墙、横墙和临时间断处留斜槎有困难时,可留阳槎,并沿墙高每隔 500mm、每 120mm 墙厚预埋一根 $\phi 6$ 的钢筋,其埋入长度按设计要求,末端做成 90°弯钩。

(15)预留孔洞和穿墙等均应按设计要求砌筑,不得事后凿墙。墙体抗震拉结筋的位置,钢筋规格、数量、间距均应按设计要求留置,不应错放、漏放。

(16)砌筑门窗口时,若先立门窗框,则砌砖应离开门窗框边 3mm 左右。若后塞门窗框,则应按弹好的位置砌筑(一般线宽比门窗实际尺寸大 10~20mm)。

(17)清水墙不得在上部任意变活、乱缝。在砌墙过程中,要认真进行自检,如出现偏差,应随时纠正,严禁事后砸墙。

(18)墙面勾缝一般宜用 1:2 水泥砂浆。勾凹缝时宜按“从上而下,先平(缝)后立(缝)”的顺序勾缝。勾凸缝时宜先勾立缝后勾平缝。勾缝前应清扫墙面上黏结的砂浆灰尘,并洒水湿润。对于瞎缝应先凿平,深度为 6~8mm,然后勾缝,勾缝砂浆宜用细砂。对缺棱掉角的砖,应用与砖同色的砂浆修补。

4. *砖拱的施工要点*

(1)砖平拱呈倒梯形,拱高有 240mm、300mm、360mm,拱厚等于墙厚。

(2)砖平拱应用不低于 MU7.5 的砖与不低于 M5 的砂浆砌筑。砌筑时,在拱脚两边的墙端砌成斜面,斜面的斜度为 1/5~1/4,拱脚处退进 20~30mm。在拱底处支设模板,模板中部应有 1% 的起拱。在模板上划出砖和灰缝的位置及宽度,务必使砖的块数为单数。采用满灰法,从两边对称向中间砌,每块砖要对准模板上的画线,正中一块应挤紧。竖向灰缝上宽下窄呈楔形,在拱底灰缝宽度应不小于 5mm,在拱顶灰缝宽度应不大于 15mm。

(3)砖弧拱的构造与砖平拱相同,只是外形呈圆弧形。

(4)砖弧拱砌筑时,模板应按设计要求做成圆弧形,并应从两边对称向中间砌。灰缝呈放射状,上宽下窄,在拱底灰缝宽度应不小于 5mm,在拱顶灰缝宽度应不大于 25mm。也可用加工好的楔形砖来砌，此时灰缝宽度应上下一样，控制在 8～10mm 之间。

(5)砖平拱和砖弧拱的底部模板，应待灰缝砂浆达到设计强度的 50% 以上时，方可拆除。

5. 钢筋砖过梁的施工要点

(1)钢筋砖过梁是用普通黏土砖与砂浆砌成，底部配有钢筋。在过梁范围内，砖的强度等级不应低于 MU7.5，砂浆强度等级不应低于 M2.5，砌筑形式与墙体一样，宜用一顺一丁或梅花丁。钢筋配置依设计而定，其直径不应小于 5mm，钢筋水平间距不应大于 120mm。埋钢筋的砂浆层厚度不宜小于 30mm，钢筋两端弯成直角钩，伸入墙内不小于 240mm。

(2)钢筋砖过梁砌筑时，先在洞口顶支设模板，模板中部应有 1% 起拱。在模板上铺设1:3水泥砂浆，厚 30mm。将钢筋逐根埋入砂浆中，钢筋弯钩要向上，两头伸入墙内长度应一致。然后与墙体一起平砌砖层。钢筋上的第一皮砖应丁砌。钢筋弯钩应置于竖向灰缝中。

(3)过梁底的模板，应待砂浆强度达到设计强度 50% 以上时，方可拆除。

6. 砖挑檐的施工要点

(1)砖挑檐有一皮一挑，二皮一挑和二皮与一皮间隔挑等形式。

(2)砖挑檐可用普通砖，多孔砖及空心砖不得砌挑檐。砖的规格宜用 240mm × 115mm × 53mm。砂浆强度等级不应低于 M5。

(3)挑檐挑层的下面一皮砖应为丁砌。挑出宽度每次应不大于 60mm，总的挑出宽度应小于墙厚。

(4)砖挑檐砌筑时，应选用边角整齐，规格一致的整砖。先砌挑檐两头，然后在挑檐外侧每一挑层底角处拉准线，依线逐层砌中间部分。每皮砖要先砌里侧后砌外侧，上皮砖要压住下皮挑出砖，才能砌上皮挑出砖。水平灰缝宜使挑檐外侧稍厚，里侧稍薄。灰缝宽度应控制在 8～10mm 范围内。竖向灰缝砂浆应饱满，灰缝宽度控制在 10mm 左右。

7. 多孔砖砌体工程的施工要点

(1)代号 M 的多孔砖的砌筑形式只有全顺，每皮均为顺砖，其孔平行于墙面，上下皮竖缝相互错开 1/2 砖长。

(2)代号 P 的多孔砖有一顺一丁及梅花丁两种砌筑形式，一顺一丁是一皮顺砖与一皮丁砖相隔砌成，上下皮竖缝相互错开 1/4 砖长；梅花丁是每皮中顺砖与丁砖相隔，丁砖坐中于顺砖，上下皮竖缝相互错开 1/4 砖长。

(3)在砌筑过程中，要经常校核墙体的轴线和边线，当挂线过长时，应检查是否达到平直、通顺一致的要求，以防轴线产生位移。

(4)立皮数杆要保持标高一致，盘角时要均匀掌握灰缝，砌筑时小线要拉紧，不得一层线松，一层线紧，以防水平灰缝出现大小不匀。

(5)砌筑前应试摆。多孔砖的孔洞应垂直于受压面。

(6)砂浆配合比应由实验室确定，采用质量比，砌筑的砂浆必须由机械搅拌均匀，随拌随用。水泥砂浆和混合砂浆应分别在 3h 和 4h 内使用完毕，细石混凝土应在 2h 内用完。

(7)水泥砂浆和水泥混合砂浆的搅拌时间不得少于 2min，掺外加剂的砂浆不得少于 3min，掺有机塑化剂的砂浆应为 3～5min。同时还应具有较好的和易性和保水性，一般稠度以 5～7cm 为宜。外加剂和有机塑化剂的配料精度应控制在 ±2% 以内，其他配料精度应控制在 ±5% 以内。

(8)在每一楼层或 250m^3 的砌体中，对每种强度等级的砂浆或混凝土，应至少制作一组试块(每组六块)。如砂浆和混凝土的强度等级或配合比变更时,也应制作试块以便检查。

(9)砌多孔砖宜采用"三一"砌砖法,竖缝宜采用刮浆法。

(10)灰缝应横平竖直,水平灰缝和竖向灰缝宽度应控制在10mm左右,但应不小于8mm,也不应大于12mm。

(11)水平灰缝的砂浆饱满度不得小于80%,竖缝要刮浆适宜,并加浆灌缝,不得出现透明缝,严禁用水冲浆灌缝。

(12)多孔砖墙的转角处和相交处应同时砌筑,不能同时砌筑又必须留置的临时间断处应砌成斜槎,对于代号M的多孔砖,斜槎长度不应小于斜槎高度;对于代号P的多孔砖,斜槎长度不应小于斜槎高度的2/3。

(13)在下列部位不得留脚手眼:

①120mm墙。

②过梁上按过梁净跨的1/2高度范围内的砌体,以及与过梁成60°的三角形范围内墙体。

③宽度小于1m的窗间墙。

④梁或梁垫下及其左右500mm范围内的墙体。

⑤门窗洞口两侧200mm和墙转角处450mm范围内的墙体。

(14)多孔砖墙每天可砌高度不应超过1.8m。

(15)门窗洞口的预埋木砖、铁件等应采用与多孔砖横截面一致的规格。

(16)多孔砖墙中不够整块多孔砖的部位,应用烧结普通砖来补砌,不得用砍过的多孔砖填补。

(17)构造柱处砌筑时,应注意使构造柱砖墙砌成马牙槎,设置好拉结筋,并从柱脚开始先退后进;当齿深为120mm时,上口一皮应先进60mm,后上一皮再进120mm,以保证混凝土浇灌时上角密实;构造柱内的落地灰、砖渣杂物应清理干净,防止夹渣,以免影响构造柱的整体性。

(18)砖墙砌筑前应先在防潮层或其他基层上根据弹好的位置线进行排砖。外出墙第一层应排丁砖,前后纵墙排顺砖。山墙两大角排砖应对称。窗间墙、扶壁柱的位置尺寸应符合排砖模数,若不符合模数时,可用七分头或丁砖排在窗间墙中间或扶壁柱的不明显部位进行调整。门窗洞口两边顺砖层的第一块砖应为七分头,各楼层排砖和门窗洞口位置应与底层一致。

(19)砌筑时,应根据墙体类别和部位选砖。砌多孔砖清水墙或其正面时,应选尺寸合格、棱角整齐、颜色均匀的砖。

(20)砌筑时先盘角,每次不得超过5层,随盘随吊线,使砖的层数、灰缝厚度与皮数杆相符。

(21)砖砌体要砌得横平竖直,灰浆饱满,做到"上跟线,下跟棱,左右相邻要对平"。采用铺浆法砌筑时,铺浆长度不得超过500mm。清水墙面不得有三分头,不得游丁走缝。每砌五皮左右要用靠尺检查墙面垂直度和平整度,随时纠正偏差,严禁事后凿墙。

(22)预留孔洞和穿墙等均应按设计要求砌筑,不得完工后凿墙。墙体抗震拉结筋的位置,钢筋规格、数量、间距,均应按设计要求留置,不应错放、漏放。

(23)砌筑门窗口时,若先立门窗框,则砌砖应离开门窗框边3mm左右;若后塞门窗框,则应按弹好的位置砌筑(一般线宽比门窗实际尺寸大10~20mm)。

(24)窗台出檐砌筑时,窗台标高以下的一层砖,应砌过分口线60mm,挑出墙60mm,出檐砖的立缝要打碰头灰。砌筑虎头砖时,斗砖应砌过分口线120mm,并向外倾斜20mm,挑出墙面60mm。

(25)墙面勾缝一般宜用1:2水泥砂浆。勾凹缝时宜按“从上而下,先平(缝)后立(缝)”的顺序勾缝。勾凸缝时宜先勾立缝后勾平缝。勾缝前应清扫墙面上黏结的砂浆灰尘,并洒水湿润。对于瞎缝应先凿平,深度为6~8mm,然后勾缝。对缺棱掉角的砖,应用与砖同色的砂浆修补。

8.配筋砖墙砌体工程的施工要点

(1)立皮数杆要保持标高一致,砌角时要均匀掌握灰缝,砌筑时小线要拉紧,不得一层线松,一层线紧,以防水平灰缝出现大小不匀。皮数杆上应标明钢筋网片的位置,以避免漏放。

(2)在砌筑过程中,要经常校核墙体的轴线和边线。当挂线过长时,应检查是否达到平直通顺一致的要求,以防轴线产生位移。

(3)配筋砖砌体的构造形式:

①配筋砖柱的主要断面形式有方形、矩形、多角形、圆形等。砖柱组砌方法一般应满丁满条,里外咬槎,上下层错缝,采用“三一”砌砖法。

②配筋砖墙体一般采用一丁一顺、梅花丁或三顺一丁砌法。

③网状配筋砖柱或墙是用普通砖与砂浆砌成的,在砖柱或墙的灰缝中配有钢筋网片。所用砖的强度等级不应低于MU10,砂浆的强度等级不应低于M5。钢筋网片有方格网和连弯网两种形式。钢筋位置和数量按设计要求放置。

④组合砖砌体是由砖砌体和钢筋混凝土面层或钢筋砂浆面层组成,有组合砖柱和墙两种形式。所用砖的强度等级不应低于MU10,砂浆的强度等级不应低于M5。面层混凝土强度等级一般采用C15或C20。钢筋、面层混凝土、砂浆具体按设计要求施工。

⑤钢筋混凝土填心墙是将采用普通砖和砂浆砌好的两独立墙片,用拉结钢筋连接在一起,在两片之间设置钢筋,并浇筑混凝土而成。所用砖的强度等级不应低于MU7.5,砂浆的强度等级不应低于M5,混凝土强度等级一般采用C15或C20。钢筋、混凝土、砂浆具体按设计要求施工。

⑥砂浆配合比应由实验室确定,采用质量比,砌筑的砂浆必须由机械搅拌均匀,随拌随用。水泥砂浆和混合砂浆分别应在3h和4h内使用完毕,细石混凝土应在2h内用完。

(4)水泥砂浆和水泥混合砂浆的搅拌时间不得少于2min,掺外加剂的砂浆不得少于3min,掺有机塑化剂的砂浆应为3~5min。同时还应具有较好的和易性和保水性,一般稠度以5~7cm为宜。外加剂和有机塑化剂的配料精度应控制在±2%以内,其他配料精度应控制在±5%以内。

(5)在每一楼层或250m^{3}的砌体中,对每种强度等级的砂浆或混凝土,应至少制作一组试块(每组六块)。如砂浆和混凝土的强度等级或配合比变更时,也应制作试块以便检查。

(6)设置在砌体灰缝中钢筋的锚固长度不宜小于50d,且其水平或垂直弯折段的长度不宜小于20d和150mm;钢筋的搭接长度不应小于55d。

(7)构造柱砌筑时,应注意使构造柱砖墙砌成马牙槎,设置好拉结筋,并从柱脚开始先退后进;当齿深为120mm时,上口一皮应先进60mm,后上一皮再进120mm,以保证混凝土浇灌时上角密实;构造柱内的落地灰、砖渣杂物应清理干净,防止夹渣,以免影响构造柱的整体性。

(8)清水墙砌筑排砖时,必须将立缝排匀,砌完一步高架子,每隔2m间距,应在丁砖立棱处用托线板吊直画线,二步架往上继续吊直弹粉线,由底往上所有2/3砖的长度应保持一致;上层分窗口位置时必须同下层窗口保持垂直,以免墙面出现游丁走缝。

(9)应在较大墙上留置施工洞口,其侧边离交接处墙面不应小于500mm。洞口净宽度不应超过1m。临时施工洞口处补砌时,必须将接槎处表面清理干净,浇水湿润,并填实砂浆,保持灰缝平直。

(10)砌筑砖砌体时,砖应提前1～2d浇水湿润。

(11)砌砖工程当采用铺砂浆砌筑时,铺浆长度不得超过750mm;施工时气温超过30℃,铺浆长度不得超过500mm。

(12)240mm厚承重墙的每层墙的最上一皮砖,应整砖丁砌。

(13)竖向灰缝不得出现透明缝、瞎缝和假缝。

(14)不得在下列墙体或部位设置脚手眼:

①120mm墙。

②过梁上与过梁成60°的三角形范围及过梁净跨度1/2的高度范围内。

③宽度小于1m的窗间墙。

④砌体门窗洞口两侧200mm和转角处450mm范围内。

⑤梁或梁垫下及其左右500mm范围内。

⑥设计不允许留置脚手眼的部位。

(15)施工脚手眼的补砌灰缝应填满砂浆,不得用干砖填塞。

(16)砖墙砌筑前应先在防潮层或地圈梁上根据弹好的位置线进行排砖。外出墙第一层应排丁砖,前后纵墙排顺砖。山墙两大角排砖应对称。窗间墙、扶壁柱的位置尺寸应符合排砖模数,若不符合模数时,可用七分头或丁砖排在窗间墙中间或扶壁柱的不明显部位进行调整。门窗洞口两边顺砖层的第一块砖应为七分头,各楼层排砖和门窗洞口位置应与底层一致。

(17)砌筑混水墙时,应注意溢出墙面的灰渍(舌头灰)应随时刮尽,刮平顺;半头砖应分散使用;首层或楼层的第一皮砖砌筑要查对皮数杆的层数及标高;一砖厚墙砌筑外面要拉线,以防出现墙面沾污、通缝、不平直以及砖墙错层造成螺旋墙等弊病。

(18)砌筑时,应根据墙体类别和部位选砖。正面砌筑时,应选尺寸合格、棱角整齐、颜色均匀的砖。

(19)砌筑时先盘角,每次不得超过5层,随盘随吊线,使砖的层数、灰缝厚度与皮数杆相符。

(20)实心墙体砌筑方法宜采用一顺一丁、梅花丁(沙包式)、三顺一丁、全顺(仅用于半砖墙)和全丁(仅用于圆弧面墙砌筑)等砌筑形式。

(21)砌砖宜采用一铲灰、一块砖、一挤揉的“三一”砌砖法或采用铺浆法(包括挤浆法和靠浆法)。砖要砌得横平竖直,灰浆饱满,做到“上跟线,下跟棱,左右相邻要对平”。清水墙面不得有三分头,不得游丁走缝。每砌五皮左右要用靠尺检查墙面垂直度和平整度,随时纠正偏差,严禁事后凿墙。

(22)水平和竖向灰缝厚度不应小于8mm,且不应大于12mm,一般为10mm。钢筋网片放在灰缝中,要保证钢筋上下至少有2mm的砂浆保护层厚度。

(23)墙体日砌高度不宜超过1.8m,雨天不宜超过1.2m。雨天砌筑时,砂浆稠度应适当减少,收工时应将砌体顶部覆盖好。

(24)外墙转角处应同时砌筑,内外墙砌筑必须留斜槎,槎长与高度的比不得小于2/3。临时间断处的高度差不得超过一步脚手架的高度。后砌隔墙、横墙和临时间断处留斜槎有困难时,可留阳槎,并沿墙高每隔500mm、每120mm墙厚预埋一根$\phi6$的钢筋,其埋入长度从留槎处算起,每边均不小于500mm,末端弯钩90°。

(25)木砖、预留孔洞和穿墙管等均应按设计要求留置和砌筑,不得完工后凿墙。墙体抗震拉结筋的位置,钢筋规格、数量、间距,均应按设计要求留置,不应错放、漏放。

(26)砌筑门窗口时,若先立门窗框,则砌砖应离开门窗框边3mm左右;若后塞门窗框,则应按弹好的位置砌筑（一般线宽比门窗实际尺寸大10～20mm）。

（27）墙面勾缝一般宜用1:2水泥砂浆。勾凹缝时宜按"从上而下，先平（缝）后立（缝）"的顺序勾缝。勾凸缝时宜先勾立缝后勾平缝。勾缝前应清扫墙面上黏结的砂浆灰尘，并洒水湿润。对于瞎缝，应先凿平，深度为6～8mm，然后勾缝。对缺棱掉角的砖，应用与砖同色的砂浆修补。

（28）配筋砖砌体面层的砂浆或混凝土施工前，应清除面层底部的杂物，并浇水湿润砖砌体表面。砂浆面层应分两次完成，第一次主要是刮底，第二次主要是抹面，确保钢筋有一定保护层。混凝土面层应支设模板，混凝土宜分层浇筑。

（三）引导问题

1. 墙体砌筑的作业条件有哪些？

2. 墙体砌筑的工艺流程是什么？

3. 水泥砂浆必须在拌成后________内使用完毕，如气温超过30℃，必须在拌成后________内使用完毕。

A. 2h和3h　　B. 3h和2h　　C. 1h和2h　　D. 5h和4h

4. 砖砌体中水平灰缝砂浆饱满度不应低于（　　）。

A. 60%　　B. 70%　　C. 80%　　D. 90%

5. 砖墙的一般日砌高度以不超过（　）为宜。

A. 3m　　B. 2.5m　　C. 2m　　D. 1.8m

6. 在砖砌体施工中皮数杆有何作用？砖砌体施工时皮数杆在何处设置，如何设置？

7. 砖柱与砖垛砌体工程的作业条件有哪些？

8. 砖柱与砖垛砌体工程的工艺流程是什么？

9. 清水砖墙砌体工程的作业条件有哪些？

10. 清水砖墙砌体工程的工艺流程是什么？

11. 砖拱砌体工程的作业条件有哪些？

12. 砖拱砌体工程的工艺流程是什么？

13. 多孔砖砌体工程的作业条件有哪些？

14. 多孔砖砌体工程的工艺流程是什么？

四、任务实施

1. 将本书附录一中施工图中的主体施工按照小组数分成几段，各小组各自砌筑其中一段，根据计划在实训基地领取所需材料及工具。

2. 各小组组织安全教育的学习，检查并做好安全防护措施。

3. 学习主体施工工艺流程及施工要点，并进行合理分工合作。

4. 通过录像和实训指导老师指导完成一段墙体施工。

5. 各小组讨论总结砌筑砖基础过程的经验教训，并结合前一任务完成的准备工作，编制本书附录一中该项目的砖基础工程施工方案。

五、评价与反馈

1. 学生自我评价

（1）完成此次任务过程中存在的主要问题有哪些？

(2)分析出现问题的原因，并提出相应的解决办法。

(3)你认为还需加强哪些方面的指导？

2. 学习工作过程评价表

请填写任务评价表(表2-8)。

任务评价表 表2-8

考核项目	分数			学生自评(30%)	小组互评(30%)	教师评价(40%)	小计
	差	中	好				
是否具备团队合作精神	1.5	3	5				
是否积极参与活动	1.5	3	5				
工作过程安排是否合理规范	6	12	20				
是否遵守劳动纪律	1.5	3	5				
资料收集是否准确、快捷	1.5	3	5				
应变能力是否强，回答问题是否准确	4.5	9	15				
安全、环保、注意事项考虑是否周全	4.5	9	15				
砖墙体工程砌筑操作是否正确、快捷	4.5	9	15				
砖墙体工程施工方案是否完整、详实、正确	4.5	9	15				
总计	30	60	100				
教师签字：　　年　月　日						得分	

任务单元三　砖砌体结构主体工程质量验收

一、任务描述

每小组对在前一任务单元完成的一段砖砌体结构主体工程，进行检验批和分项工程的质量检查与验收，并填写相关表格，做好自检资料的填写和汇总。

二、学习目标

通过本任务的学习，你应当能：

1. 根据相关规范和设计图纸要求，对砖砌体结构主体工程检验批进行自检；

2. 汇总相关资料，做好自检的相关资料并进行自评；

3. 将各个小组的检验批自检资料汇总进行分项工程自检并自评，做好相关资料的填写和汇总。

三、学习准备

（一）知识要点

1. 砖墙砌体的质量标准

(1) 主控项目

①砖和砂浆的强度等级必须符合设计要求。

②砌体水平灰缝的砂浆饱满度不得小于80%。

③砖砌体的转角处和交接处应同时砌筑，严禁无可靠措施内外墙分砌施工。对不能同时砌筑而又必须留置的临时间断处应砌成斜槎，斜槎水平投影长度不应小于高度的2/3，如图2-12所示。

④外墙转角处严禁留直槎，其他临时间断处留槎做法必须符合施工质量验收规范的规定。要求留槎正确，拉结钢筋设置数量、直径正确，竖向间距偏差不超过100mm，留置长度按设计要求，如图2-13所示。

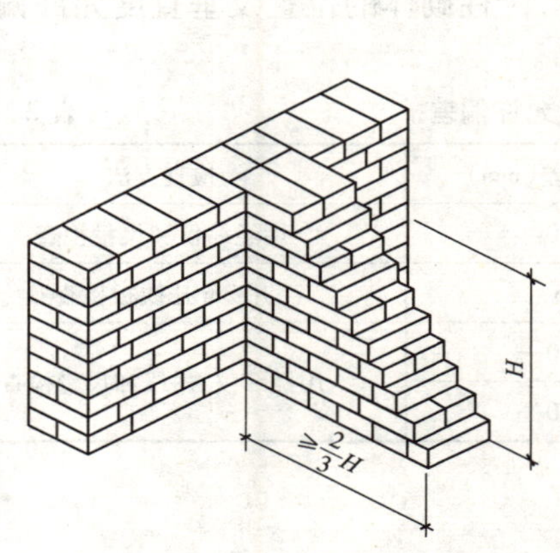

图2-12　烧结普通砖砌体斜槎

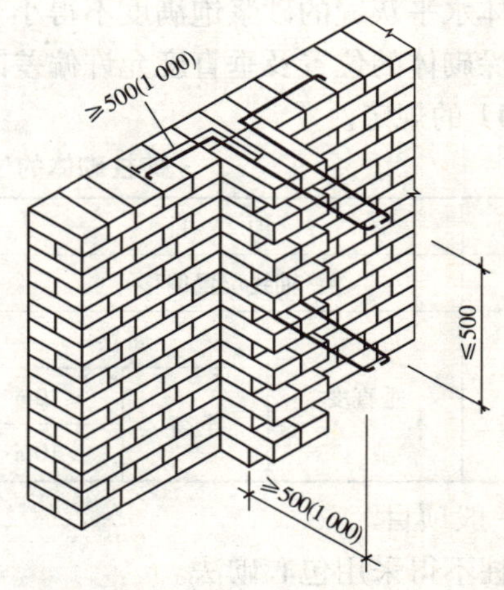

图2-13　烧结普通砖砌体直槎(尺寸单位:mm)

⑤砖砌体的位置及垂直度允许偏差应符合表 2-9 的规定。

砖砌体的位置及垂直度允许偏差 表 2-9

<table>
<tr><th>项次</th><th colspan="3">项 目</th><th>允许偏差(mm)</th><th>检验方法</th></tr>
<tr><td>1</td><td colspan="3">轴线位置偏移</td><td>10</td><td>用经纬仪和尺量检查</td></tr>
<tr><td rowspan="3">2</td><td rowspan="3">垂直度</td><td colspan="2">每层</td><td>5</td><td>用 2m 托线板检查</td></tr>
<tr><td rowspan="2">全高</td><td>≤10m</td><td>10</td><td rowspan="2">用经纬仪、吊线和尺量检查</td></tr>
<tr><td>>10m</td><td>20</td></tr>
</table>

(2)一般项目

①砖砌体组砌方法应正确,上、下错缝,内外搭砌,墙中长度大于或等于 300mm 的通缝每间不超过 3 处,且不得位于同一面墙体上。

②砖砌体的灰缝应横平竖直,厚薄均匀。水平灰缝厚度宜为 10mm,但不应小于 8mm,也不应大于 12mm。

③砖砌体的一般尺寸允许偏差应符合表 2-10 的规定。

砖砌体的一般尺寸允许偏差 表 2-10

<table>
<tr><th>项次</th><th colspan="2">项 目</th><th>允许偏差(mm)</th><th>检查方法</th></tr>
<tr><td>1</td><td colspan="2">楼面标高</td><td>±15</td><td>用水平仪和尺量检查</td></tr>
<tr><td rowspan="2">2</td><td rowspan="2">表面平整度</td><td>清水墙</td><td>5</td><td rowspan="2">用 2m 靠尺和楔形塞尺检查</td></tr>
<tr><td>混水墙</td><td>8</td></tr>
<tr><td>3</td><td colspan="2">门窗洞口高、宽(后塞口)</td><td>±5</td><td>用尺量检查</td></tr>
<tr><td>4</td><td colspan="2">外墙上下窗口偏移</td><td>20</td><td>以底层窗口为准,用经纬仪或吊线检查</td></tr>
<tr><td rowspan="2">5</td><td rowspan="2">水平灰缝平直度</td><td>清水墙</td><td>7</td><td rowspan="2">拉 10m 线和尺量检查</td></tr>
<tr><td>混水墙</td><td>10</td></tr>
<tr><td>6</td><td colspan="2">清水墙游丁走缝</td><td>20</td><td>用吊线和尺量检查,以每层第一皮砖为准</td></tr>
</table>

2. 砖柱与砖垛的质量标准

(1)主控项目

①砖和砂浆的强度等级必须符合设计要求。

②砌体水平灰缝的砂浆饱满度不得小于 80%。

③砖垛砌体的位置及垂直度允许偏差同砖墙砌体,砖柱砌体的位置及垂直度允许偏差应符合表 2-11 的规定。

砖柱砌体的位置及垂直度允许偏差 表 2-11

<table>
<tr><th>项次</th><th colspan="3">项 目</th><th>允许偏差(mm)</th><th>检查方法</th></tr>
<tr><td>1</td><td colspan="3">轴线位置偏移</td><td>10</td><td>用经纬仪和尺量检查</td></tr>
<tr><td rowspan="3">2</td><td rowspan="3">垂直度</td><td colspan="2">每层</td><td>5</td><td>用 2m 托线板检查</td></tr>
<tr><td rowspan="2">全高</td><td>≤10m</td><td>10</td><td rowspan="2">用经纬仪、吊线和尺量检查</td></tr>
<tr><td>>10m</td><td>20</td></tr>
</table>

(2)一般项目

①砖柱不得采用包心砌法。

②砖砌体的灰缝应横平竖直,厚薄均匀。水平灰缝厚度宜为 10mm,但不应小于 8mm,也

不应大于12mm。

③砖柱及砖垛的一般尺寸允许偏差应符合表2-12的规定。

砖柱及砖垛砌体的一般尺寸允许偏差 表2-12

项次	项目		允许偏差(mm)	检查方法
1	砖柱及砖垛标高		±15	用水平仪和尺量检查
2	表面平整度	清水柱	5	用2m靠尺和楔形塞尺量检查

3.空心砖砌体工程的质量标准

(1)主控项目

①砖和砂浆的强度等级必须符合设计要求。

②砌体水平灰缝的砂浆饱满度不得小于80%。

③砖砌体的转角处和交接处应同时砌筑,严禁无可靠措施内外墙分砌施工。对不能同时砌筑而又必须留置的临时间断处应砌成斜槎,斜槎水平投影长度不应小于高度的2/3。

④外墙转角处严禁留直槎,其他临时间断处留槎做法必须符合施工质量验收规范的规定。要求留槎正确,拉结钢筋设置数量、直径正确,竖向间距偏差不超过100mm,留置长度符合规定。

⑤空心砖砌体的位置及垂直度允许偏差应符合表2-13的规定。

空心砖砌体的位置及垂直度允许偏差 表2-13

项次	项目			允许偏差(mm)	检查方法
1	轴线位置偏移			10	用经纬仪和尺量检查
2	垂直度	每层		5	用2m托线板检查
		全高	≤10m	10	用经纬仪、吊线和尺量检查

(2)一般项目

①空心砖砌体组砌方法应正确,上、下错缝,内外搭砌。

②空心砖砌体的灰缝应横平竖直,厚薄均匀。水平灰缝厚度宜为10mm,但不应小于8mm,也不应大于12mm。

③竖向灰缝不得出现透明缝、瞎缝、假缝。临时间断处补砌时接槎处必须清理干净,浇水湿润填实砂浆。

④空心砖砌体的一般尺寸允许偏差应符合表2-14的规定。

空心砖砌体的一般尺寸允许偏差 表2-14

项次	项目		允许偏差(mm)	检查方法
1	楼面标高		±15	用水平仪和尺量检查
2	表面平整度	清水墙、柱	5	用2m靠尺和楔形塞尺检查
		混水墙、柱	8	
3	门窗洞口高、宽(后塞口)		±5	用尺量检查
4	外墙上下窗口偏移		20	以底层窗口为准,用经纬仪或吊线检查
5	水平灰缝平直度	清水墙	7	拉10m线和尺量检查
		混水墙	10	
6	清水墙游丁走缝		20	用吊线和尺量检查,以每层第一皮砖为准

4. 清水墙砌体工程的质量标准

(1)主控项目

①砖和砂浆的强度等级必须符合设计要求。

②砌体水平灰缝的砂浆饱满度不得小于80%。

③砖砌体的转角处和交接处应同时砌筑,严禁无可靠措施内外墙分砌施工。对不能同时砌筑而又必须留置的临时间断处应砌成斜槎,斜槎水平投影长度不应小于高度的2/3。

④外墙转角处严禁留直槎,其他临时间断处留槎做法必须符合施工质量验收规范的规定。要求留槎正确,拉结钢筋设置数量、直径正确,竖向间距偏差不超过100mm,留置长度符合规定。

⑤清水砖砌体的位置及垂直度允许偏差应符合表2-15的规定。

清水砖砌体的位置及垂直度允许偏差 表2-15

项次	项目			允许偏差(mm)	检查方法
1	轴线位置偏移			10	用经纬仪和尺量检查
2	垂直度	每层		5	用2m托线板检查
		全高	≤10m	10	用经纬仪、吊线和尺量检查
			>10m	20	

(2)一般项目

①清水砖砌体组砌方法应正确,上、下错缝,内外搭砌。

②清水砖砌体的灰缝应横平竖直,厚薄均匀。水平灰缝厚度宜为10mm,但不应小于8mm,也不应大于12mm。

③清水砖砌体的一般尺寸允许偏差应符合表2-16的规定。

清水砖砌体的一般尺寸允许偏差 表2-16

项次	项目		允许偏差(mm)	检查方法
1	楼面标高		±15	用水平仪和尺量检查
2	表面平整度	清水墙、柱	5	用2m靠尺和楔形塞尺检查
		混水墙、柱	8	
3	门窗洞口高、宽(后塞口)		±5	用尺量检查
4	外墙上下窗口偏移		20	以底层窗口为准,用经纬仪或吊线检查
5	水平灰缝平直度	清水墙	7	拉10m线和尺量检查
		混水墙	10	
6	清水墙游丁走缝		20	用吊线和尺量检查,以每层第一皮砖为准

5. 多孔砖墙砌体工程的质量标准

(1)主控项目

①多孔砖和砂浆的强度等级必须符合设计要求。

②多孔砌体水平灰缝的砂浆饱满度不得小于80%。

③多孔砖砌体的转角处和交接处应同时砌筑，严禁无可靠措施内外墙分砌施工。对不能同时砌筑而又必须留置的临时间断处应砌成斜槎，斜槎水平投影长度不应小于高度的2/3。

④多孔砖外墙转角处严禁留直槎，其他临时间断处留槎做法必须符合施工质量验收规范的规定。要求留槎正确，拉结钢筋设置数量、直径正确，竖向间距偏差不超过100mm，留置长度符合规定。

⑤多孔砖砌体的位置及垂直度允许偏差应符合表2-17中规定。

多孔砖砌体的位置及垂直度允许偏差　　表2-17

项次	项　　目			允许偏差(mm)	检查方法
1	轴线位置偏移			10	用经纬仪和尺量检查
2	垂直度	每层		5	用2m托线板检查
		全高	≤10m	10	用经纬仪、吊线和尺量检查
			>10m	20	

(2)一般项目

①多孔砖砌体组砌方法应正确，上、下错缝，内外搭砌。要求清水墙、窗间墙无通缝；混水墙中长度大于或等于300mm的通缝每间不超过3处，且不得位于同一面墙体上。

②多孔砖砌体的灰缝应横平竖直，厚薄均匀。水平灰缝厚度宜为10mm，但不应小于8mm，也不应大于12mm。

③多孔砖砌体的一般尺寸允许偏差应符合表2-18的规定。

多孔砖砌体的一般尺寸允许偏差　　表2-18

项次	项　　目		允许偏差(mm)	检查方法
1	楼面标高		±15	用水平仪和尺量检查
2	表面平整度	清水墙、柱	5	用2m靠尺和楔形塞尺检查
		混水墙、柱	8	
3	门窗洞口高、宽(后塞口)		±5	用尺量检查
4	外墙上下窗口偏移		20	以底层窗口为准，用经纬仪或吊线检查
5	水平灰缝平直度	清水墙	7	拉10m线和尺量检查
		混水墙	10	
6	清水墙游丁走缝		20	用吊线和尺量检查，以每层第一皮砖为准

6. 砖过梁与砖拱砌体工程施工的质量标准

(1)主控项目

①砖和砂浆的强度等级必须符合设计要求。

②砌体水平灰缝的砂浆饱满度不得小于80%。

(2)一般项目

①砖砌体组砌方法应正确。

②砖砌体的灰缝符合要求。

7. 资料核查项目

(1)水泥、砖等主要材料的出场合格证,要求为按批量出场的原件。

(2)水泥、砖等主要材料进场按批量的见证取样单及复检试验报告单。

(3)砂浆配合比报告单及砂浆试块强度检验报告单。

(4)施工隐蔽记录及分项工程质量检验记录。

(二)引导问题

1. 住宅工程附墙壁烟道堵塞、串烟

现象:

砖混结构住宅的居室和厨房附墙烟道被堵塞,或各楼层间烟道相互串烟,都将影响建筑物的使用和人身安全。

试分析原因,找出解决办法。为了防止该现象在以后的工程中继续出现,应该采取的质量预控制措施有哪些?

2. 墙体因地基不均匀下沉引起的墙体裂缝

现象:

①在纵墙的两端出现斜裂缝,多数裂缝通过窗口的两个对角,裂缝向沉降较大的方向倾斜,并由下向上发展。裂缝多在墙体下部,向上逐渐减少,裂缝宽度下大上小,常常在房屋建成后不久就出现,其数量及宽度随时间而逐渐发展。

②在窗间墙的上下对角处成对出现水平裂缝,沉降大的一边裂缝在下,沉降小的一边裂缝在上。

③在纵墙中央的顶部和低部窗台处出现竖向裂缝,裂缝上宽下窄。当纵墙顶部有圈梁时,顶层中央顶部竖向裂缝较少。

试分析原因,找出解决办法。为了防止该现象在以后的工程中继续出现,应该采取的质量预控制措施有哪些?

3. 墙体温度裂缝

现象:

①在顶层纵墙的两端出现八字裂缝,严重时可发展到房屋的1/3长度内,有时在横墙上也可能发生。裂缝宽度一般中间大两端小。当外纵墙两端有窗时,裂缝沿窗口对角线方向展开。

②在平屋顶屋檐下或顶层圈梁2~3皮砖的灰缝位置出现水平裂缝,沿外墙顶部断续分布,两端较中间严重。在转角处,纵横墙水平裂缝相交形成交角裂缝。

试分析原因,找出解决办法。为了防止该现象在以后的工程中继续出现,应该采取的质量预控制措施有哪些?

四、任务实施

1. 熟悉图纸。

2. 对施工前的现场条件进行验收。

3. 检查验收进场材料。

4. 以小组为单位进行砌筑的交接检查,并填写好质量验收表(表2-19、表2-20)。

砖砌体工程检验批质量验收记录

表 2-19

单位(子单位)工程名称				
分部(子分部)工程名称			验收部位	
施工单位			项目经理	
分包单位			分包项目经理	
施工执行标准名称及编号				

		《砌体工程施工质量验收规范》(GB 50203—2002)		施工单位检查评定记录	监理(建设)单位验收记录
主控项目	1	砖强度等级	设计要求 MU		
	2	砂浆强度等级	设计要求 M		
	3	水平灰缝砂浆饱满度	≥80%		
	4	斜槎留置	第 5.2.3 条		
	5	直槎拉结钢筋及接槎处理	第 5.2.4 条		
	6	轴线位移	≤10mm		
	7	垂直度(每层)	≤5mm		
一般项目	1	组砌方法	第 5.3.1 条		
	2	水平灰缝厚度	8～12mm		
	3	基础顶面、楼面标高	±15mm		
	4	表面平整度	清水:5mm 混水:8mm		
	5	门窗洞口高、宽	±5mm		
	6	外墙上下窗口偏移	20mm		
	7	水平灰缝平直度	清水:7mm 混水:10mm		
	8	清水墙游丁走缝	20mm		

	专业工长(施工员)		施工班组长	
施工单位检查评定结果	项目专业质量检查员: 年 月 日			
监理(建设)单位验收结论	专业监理工程师: (建设单位项目专业技术负责人) 年 月 日			

配筋砌体工程检验批质量验收记录　　表 2-20

单位(子单位)工程名称					
分部(子分部)工程名称				验收部位	
施工单位				项目经理	
分包单位				分包项目经理	
施工执行标准名称及编号					
《砌体工程施工质量验收规范》(GB 50203—2002)				施工单位检查评定记录	监理(建设)单位验收记录
主控项目	1	钢筋品种规格数量	第 8.2.1 条		
	2	混凝土、砂浆强度	设计要求 C 设计要求 M		
	3	马牙槎及拉结钢筋	第 8.2.3 条		
	4	芯柱	第 8.2.5 条		
	5	柱中心线位置	≤10mm		
	6	柱层间错位	≤8mm		
	7	柱垂直度(每层)	≤10mm		
一般项目	1	水平灰缝钢筋	第 8.3.1 条		
	2	钢筋防腐	第 8.3.2 条		
	3	网状配筋及间距	第 8.3.3 条		
	4	组合砌体及拉结筋	第 8.3.4 条		
	5	砌块砌体钢筋搭接	第 8.3.5 条		
施工单位检查评定结果	专业工长(施工员)			施工班组长	
	项目专业质量检查员：　　年　月　日				
监理(建设)单位验收结论	专业监理工程师： (建设单位项目专业技术负责人)　　年　月　日				

五、评价与反馈

1. 学生自我评价

(1)完成此次任务过程中存在的主要问题有哪些？

____

____

____

(2)分析出现问题的原因，并提出相应的解决办法。

(3)你认为还需加强哪些方面的指导？

2. 学习工作过程评价表

请填写任务评价表(表2-21)。

任务评价表

表2-21

考核项目	分数			学生自评(30%)	小组互评(30%)	教师评价(40%)	小计
	差	中	好				
是否具备团队合作精神	1.5	3	5				
是否积极参与活动	1.5	3	5				
工作过程安排是否合理规范	6	12	20				
是否遵守劳动纪律	1.5	3	5				
资料收集是否准确、快捷	1.5	3	5				
应变能力是否强，回答问题是否准确	4.5	9	15				
砖墙工程质量检查操作是否正确、快捷	4.5	9	15				
砖墙工程检验批自评程序是否符合规范，资料是否齐全	4.5	9	15				
砖墙工程分项工程自评程序是否符合规范，资料是否齐全	4.5	9	15				
总计	30	60	100				
教师签字：年 月 日						得分	

学习情境三　砌块与石砌体结构施工

任务单元一　砌块与石砌体施工准备

一、任务描述

对于某砌块砌体或石砌体工程,作为施工管理人员应该进行哪些工作?施工方案如何确定?如何进行施工中人、机、材的准备?现场的施工准备工作有哪些?通过本学习情境的学习能够解决上述问题,并能够利用规范灵活地解决施工中的问题。

二、学习目标

通过本任务的学习,你应当能:

1. 掌握砌体结构施工的准备工作;
2. 掌握石砌体结构施工的准备工作;
3. 对砌块、石砌体所需材料进行进场验收,并填写建筑材料报审表。

三、学习准备

(一)基本概念

1. 石材的基本知识

石砌体所用的石材应质地坚实,无风化剥落和裂纹。用于清水墙、柱表面的石材,尚应色泽均匀。

砌筑用石有毛石和料石两类。

毛石分为乱毛石和平毛石。乱毛石是指形状不规则的石块;平毛石是指形状不规则,但有两个平面大致平行的石块。毛石应呈块状,其中部厚度不宜小于150mm。

料石按其加工面的平整程度分为细料石、粗料石和毛料石三种。料石各面的加工要求,应符合表3-1 的规定。料石加工的允许偏差应符合表3-2 的规定。料石的宽度、厚度均不宜小于200mm,长度不宜大于厚度的4 倍。

料石各面的加工要求　　表3-1

料石种类	外露面及相接周边的表面凹入深度	叠砌面和接砌面的表面凹入深度
细料石	不大于2mm	不大于10mm
粗料石	不大于20mm	不大于20mm
毛料石	稍加修整	不大于25mm

注:相接周边的表面是指叠砌面、接砌面与外露面相接处20~30mm 范围内的部分。

料石加工的允许偏差　　表 3-2

料石种类	加工允许偏差(mm)	
	宽度、厚度	长度
细料石	±3	±5
粗料石	±5	±7
毛料石	±10	±15

注:如设计有特殊要求,应按设计要求加工。

石材的强度等级有:MU100、MU80、MU60、MU50、MU40、MU30、MU20、MU15 和 MU10。

2. 普通混凝土小型空心砌块的基本知识

普通混凝土小型空心砌块以水泥、砂、碎石或卵石、水等预制成。

普通混凝土小型空心砌块主规格尺寸为 390mm×190mm×190mm,有两个方形孔,最小外壁厚应不小于 30mm,最小肋厚应不小于 25mm,空心率应不小于 25%,如图 3-1 所示。

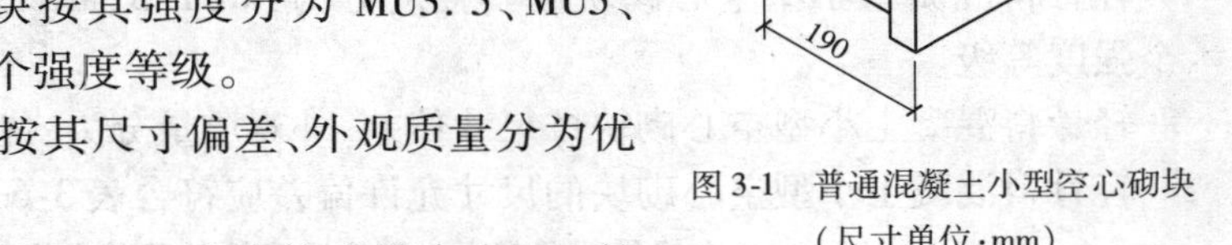

图 3-1　普通混凝土小型空心砌块(尺寸单位:mm)

普通混凝土小型空心砌块按其强度分为 MU3.5、MU5、MU7.5、MU10、MU15、MU20 六个强度等级。

普通混凝土小型空心砌块按其尺寸偏差、外观质量分为优等品、一等品和合格品。

普通混凝土小型空心砌块的尺寸允许偏差应符合表 3-3 的规定。

普通混凝土小型空心砌块的尺寸允许偏差(单位:mm)　　表 3-3

项　　目	优等品	一等品	合格品
长度	±2	±3	±3
宽度	±2	±3	±3
高度	±2	±3	+3,-4

普通混凝土小型空心砌块的外观质量应符合表 3-4 的规定。

普通混凝土小型空心砌块的外观质量　　表 3-4

项　　目			优等品	一等品	合格品
弯曲(mm)		不大于	2	2	3
掉角缺棱	个数	不大于	0	2	2
	三个方向投影尺寸的最小值(mm)	不大于	0	20	30
裂纹延伸的投影尺寸累计(mm)		不大于	0	20	30

普通混凝土小型空心砌块的抗压强度应符合表 3-5 的规定。

普通混凝土小型空心砌块的抗压强度　　表 3-5

强度等级	砌块抗压强度(MPa)	
	5 块平均值不小于	单块最小值不小于
MU3.5	3.5	2.8

续上表

强度等级	砌块抗压强度(MPa)	
	5块平均值不小于	单块最小值不小于
MU5	5.0	4.0
MU7.5	7.5	6.0
MU10	10.0	8.0
MU15	15.0	12.0
MU20	20.0	16.0

3. 轻骨料混凝土小型空心砌块的基本知识

轻骨料混凝土小型空心砌块以水泥、轻骨料、砂、水等预制成。

轻骨料混凝土小型空心砌块主规格尺寸为390mm×190mm×190mm。按其孔的排数有:单排孔、双排孔、三排孔和四排孔等四类。

轻骨料混凝土小型空心砌块按其密度分为:500、600、700、800、900、1 000、1 200、1 400八个密度等级。

轻骨料混凝土小型空心砌块按其强度分为:MU1.5、MU2.5、MU3.5、MU5、MU7.5、MU10六个强度等级。

轻骨料混凝土小型空心砌块按尺寸偏差、外观质量分为:优等品、一等品和合格品。

轻骨料混凝土小型空心砌块的尺寸允许偏差应符合表3-6的规定。

轻骨料混凝土小型空心砌块的尺寸允许偏差 表3-6

项　　目	优等品	一等品	合格品
长度	±2	±3	±3
宽度	±2	±3	±3
高度	±2	±3	+3,-4

注:最小外壁厚和肋厚不应小于20mm。

轻骨料混凝土小型空心砌块的外观质量应符合表3-7的规定。

轻骨料混凝土小型空心砌块的外观质量 表3-7

项　　目		优等品	一等品	合格品
缺棱掉角(个数)	不多于	0	2	2
3个方向投影的最小值(mm)	不大于	0	20	30
裂缝延伸投影的累计尺寸(mm)	不大于	0	20	30

轻骨料混凝土小型空心砌块的密度应符合表3-8的规定,其规定值允许最大偏差为100kg/m^3。

轻骨料混凝土小型空心砌块的密度 表3-8

密度等级	砌块干燥表观密度的范围	密度等级	砌块干燥表观密度的范围
500	≤500	900	810~900
600	510~600	1 000	910~1 000
700	610~700	1 200	1 010~1 200
800	710~800	1 400	1 210~1 400

轻骨料混凝土小型空心砌块的抗压强度,符合表3-9要求者为优等品或一等品;密度等级范围不满足要求者为合格品。

轻骨料混凝土小型空心砌块的抗压强度 表3-9

强度等级	砌块抗压强度(MPa)		密度等级范围不大于
	5块平均值不小于	单块最小值不小于	
MU1.5	1.5	1.2	800
MU2.5	2.5	2.0	
MU3.5	3.5	7.8	1 200
MU5	5.0	4.0	
MU7.5	7.5	6.0	1 400
MU10	10.0	8.0	

(二)知识要点

1.毛石的材料要求

(1)石材:石材品种、颜色、规格必须符合设计要求。石料应质地坚实,强度不低于MU20,岩种应符合设计要求,无风化、裂缝;毛石中部厚度不小于200mm。

(2)水泥:宜采用32.5级或42.5级普通硅酸盐水泥或矿渣硅酸盐水泥,产品应有出厂合格证及复试报告。

(3)砂:宜用中砂,并通过5mm筛孔。配制M5(含M5)以上砂浆,砂的含泥量不应超过5%;M5以下砂浆,砂的含泥量不应超过10%,不得含有草根等杂物。

(4)掺和料:有石灰膏、磨细生石灰粉、电石膏和粉煤灰等,石灰膏的熟化时间不应少于7d,严禁使用冻结或脱水硬化的石灰膏。

(5)水:应用自来水或不含有害物质的洁净水。

2.料石的材料要求

(1)石材:料石应质地坚实,强度不低于MU20,岩种应符合设计要求,无风化、裂缝;料石中部厚度不小于200mm;料石厚度一般不小于200mm,料石应六面方整,四角齐全、边棱整齐。料石的加工细度应符合设计要求,污垢、水锈使用前应用水冲洗干净。

(2)水泥:宜采用强度等级32.5级普通硅酸盐水泥或矿渣硅酸盐水泥,产品应有出厂合格证及复试报告。

(3)砂:宜用中砂,并通过5mm筛孔。配制M5(含M5)以上砂浆,砂的含泥量不应超过5%;M5以下砂浆,砂的含泥量不应超过10%,不得含有草根等杂物。

(4)掺和料:有石灰膏、磨细生石灰粉、电石膏和粉煤灰等,石灰膏的熟化时间不应少于7d,严禁使用冻结或脱水硬化的石灰膏。

(5)水:应用自来水或不含有害物质的洁净水。

3.混凝土小型空心砌块砌筑施工的材料要求

(1)混凝土小型空心砌块:承重小型空心砌块主规格为390mm×190mm×190mm,墙厚等于砌块的宽度。辅助规格长度有:290mm、190mm、90mm;最大壁(肋)厚度为30(25)mm;非承重砌块宽度为 90~190mm。砌块强度等级有:MU3.5、MU5.0、MU7.5、MU10.0、MU15.0、MU20.0 等。规格、质量、强度等级应符合设计要求,并有出厂合格证及复试单。

(2)水泥:宜采用强度等级 32.5 级普通硅酸盐水泥或矿渣硅酸盐水泥,产品应有出厂合格证及复试报告。

(3)砂:宜用中砂,并通过 5mm 筛孔。配制 M5(含 M5)以上砂浆,砂的含泥量不应超过 5%;M5 以下砂浆,砂的含泥量不应超过 10%,不得含有草根等杂物。

(4)掺和料:有石灰膏、磨细生石灰粉、电石膏和粉煤灰等,石灰膏的熟化时间不应少于 7d,严禁使用冻结或脱水硬化的石灰膏。

(5)水:应用自来水或不含有害物质的洁净水。

4. 普通混凝土中型空心砌块砌体工程施工的材料要求

(1)普通混凝土中型空心砌块:普通混凝土中型空心砌块的品种、规格、尺寸、孔型、空心率、强度等级必须符合设计要求,并应规格一致;产品有出厂合格证及复试单。

(2)水泥:宜采用强度等级 32.5 级普通硅酸盐水泥或矿渣硅酸盐水泥,产品应有出厂合格证或试验报告。

(3)砂:宜用中砂,并通过 5mm 筛孔。配制 M5(含 M5)以上砂浆,砂的含泥量不应超过 5%;M5 以下砂浆,砂的含泥量不应超过 10%,不得含有草根等杂物。

(4)掺和料:有石灰膏、磨细生石灰粉、电石膏和粉煤灰等,石灰膏的熟化时间不应少于 7d,严禁使用冻结或脱水硬化的石灰膏。

(5)水:应用自来水或不含有害物质的洁净水。

5. 常用机具工具准备

(1)机具:砂浆搅拌机、筛砂机、淋灰机以及水平垂直机械等。

(2)工具:瓦刀、小撬棍、木锤、线坠、灰槽、手推胶轮车以及砌块夹具等。

(3)检测工具:水准仪、经纬仪、钢卷尺、百格网、皮数杆、线坠、水平尺、磅秤、砂浆试模等。

6. 砂浆拌制及使用

(1)砂浆现场拌制时,各组分材料应采用质量计量。

(2)砌筑砂浆应采用机械搅拌,自投料完算起,搅拌时间应符合下列规定:

①水泥砂浆和水泥混合砂浆不得少于 2min。

②水泥粉煤灰砂浆和掺用外加剂的砂浆不得少于 3min。

③掺用有机塑化剂的砂浆,应为 3~5min。

(3)粉煤灰砂浆宜采用机械搅拌,以保证拌和物均匀。砂浆各组分的计量(按质量计)允许误差:水泥为 ±2%;粉煤灰、石灰膏和细骨料为 ±5%。

(4)搅拌粉煤灰砂浆时,宜先将粉煤灰、砂与水泥及部分拌和水先投入搅拌机,待基本均匀后再加水搅拌至所需稠度。总搅拌时间不得少于 2min。

(5)砂浆拌成后和使用时,均应盛入储灰器中。如砂浆出现泌水现象,应在砌筑前再次拌和。

(6)砂浆应随拌随用,水泥砂浆和水泥混合砂浆应分别在 3h 和 4h 内使用完毕;当施工期间最高气温超过 30℃时,应分别在拌成后 2h 和 3h 内使用完毕。对掺用缓凝剂的砂浆,其使用时间可根据具体情况延长。

7. 砌块、石砌体施工作业条件

(1)对进场的砌块、石材型号、规格、数量和堆放位置等进行检查、验收,能满足施工要求的砌块应按不同规格和强度等级整齐堆，堆垛上应设标志。堆放场应平整，并做好排水。砌块龄期应不少于28d。

(2)砌块、石材砌筑前，上道工序应验收合格。

(3)所需机具设备准备就绪，并已安装就位。

(4)根据施工图要求制订施工方案，确定铺砌次序和组砌方法。

(5)砌体基层已经清扫干净，并在基层上弹出纵横墙轴线、边线、门窗洞口位置及其他尺寸线。

(6)立好皮数杆，复核基层标高。根据砌块、石材尺寸和灰缝厚度计算皮数和排数，以保证砌体尺寸符合设计要求。

(7)砌块、石材表面的污物、泥土及孔洞底部的毛边均清除干净。

(8)项目部建立健全了各项管理制度，管理人员持证上岗；对作业班组进行了质量、安全、技术交底；班组作业人员中、高级工不少于70%，并应具有同类工程的施工经验。

(三)引导问题

请收集相关资料，回答以下问题：

1. 砌块的种类有哪些？砌块材料入场验收的内容有哪些？

2. 砌块如何取样？试验报告内容有哪些？

3. 砌筑用石材的分类有哪些？比较石材与其他材料的特点。

4. 砌块、石砌体施工前的作业条件有哪些？

四、任务实施

1. 熟悉图纸

认真阅读施工图纸设计说明，了解所用材料。

2. 根据图纸计算砖基础的工程量

编制单位工程施工组织设计中的施工进度计划、资源(劳动力、材料、构配件等)需求量计划及主要技术经济指标等，都是以工程量计算结果为依据的。因此，必须按有关要求认真计算工程量。

为避免漏算或重复计算工程量，应根据项目的具体情况，合理确定计算流程和计算方法。通常的计算方法有：

(1)按图纸先上后下，先左后右的顺序计算，如算条形基础。

(2)从图纸右上角出发，顺时针计算。

(3)按结构件或轴线编号顺序进行，如Z1，Z2，……，或①轴，②轴，……

(4)列表格计算，对于某分部工程中分项较多，且数量较多的项目可采用列表计算，如门窗工程、装配式工程中的预制构件等。

(5)单元法，某些项目是由若干个相同的单元组成的，这时应先计算该单元的所有分项工程的工程量，然后按照设计图纸进行组合，如住宅项目。

3. 填写表格

根据劳动定额、机械定额和上面计算出的工程量，并结合实际情况来确定所需材料、机具和劳动力的需求计划，填写表格。

4. 对施工前的现场条件进行验收

现场条件验收包括地基验槽资料、测量放线工作及资料、砌筑部位清理和安全措施等验收,并整理汇总相关资料。

5. 检查验收进场材料

对砖基础所需水泥、砂、砖等材料进行资料检查、外观检查及取样复验,并填写建筑材料报审表1-4。了解材料堆放保管要求。

五、评价与反馈

1. 学生自我评价

(1)完成此次任务是否顺利?若不顺利,请列出遇到的问题。

____

____

____

(2)分析出现问题的原因,并提出相应的解决办法。

____

____

____

____

(3)你认为还需加强哪些方面的指导?

____

____

2. 学习工作过程评价表

请填写任务评价表(表3-10)。

任务评价表 表3-10

考 核 项 目	分 数			学生自评(30%)	小组互评(30%)	教师评价(40%)	小 计
	差	中	好				
是否具备团队合作精神	1.5	3	5				
是否积极参与活动	1.5	3	5				
工作过程安排是否合理规范	6	12	20				
是否遵守劳动纪律	1.5	3	5				
资料收集是否准确、快捷	1.5	3	5				
应变能力是否强,回答问题是否准确	4.5	9	15				
砌块与石砌体工程量计算是否准确	4.5	9	15				
砌块与石砌体工程人材机计划是否合理	4.5	9	15				
砌块与石砌体材料进场检查资料是否齐全	4.5	9	15				
总 计	30	60	100				
教师签字: 年 月 日						得 分	

任务单元二　砌块与石砌体施工管理

一、任务描述

各小组在实训基地完成一段砌块与石砌体的砌筑。并结合前一任务完成的准备工作,编制工程施工方案。

二、学习目标

通过本任务的学习,你应当能:

1. 熟练掌握砌块与石砌体的砌筑方法和组砌形式;
2. 熟练掌握砌块与石砌体工程施工的工艺流程;
3. 熟练掌握砌块与石砌体工程施工的施工要点;
4. 熟练掌握砌块与石砌体工程施工的施工安全环境防护措施;
5. 编制砌块与石砌体工程施工方案。

三、学习准备

(一)基本概念

1. 一般构造要求

混凝土小型空心砌块砌体所用的材料,除满足强度计算要求外,尚应符合下列要求:

(1)对室内地面以下的砌体,应采用普通混凝土小砌块和不低于 M5 的水泥砂浆。

(2)对五层及五层以上民用建筑的底层墙体,应采用不低于 MU5 的混凝土小砌块和 M5 的砌筑砂浆。

在墙体的下列部位,应用 C20 混凝土灌实砌块的孔洞:

①底层室内地面以下或防潮层以下的砌体。

②无圈梁楼板支承面下的一皮砌块。

③没有设置混凝土垫块的屋架、梁等构件支承面下,高度不应小于 600mm,长度不应小于 600mm 的砌体。

④挑梁支承面下,距墙中心线每边不应小于 300mm,高度不应小于 600mm 的砌体。

(3)砌块墙与后砌隔墙交接处,应沿墙高每隔 400mm 在水平灰缝内设置不少于 2ϕ4、横筋间距不大于 200mm 的焊接钢筋网片,钢筋网片伸入后砌隔墙内不应小于 600mm(图 3-2)。

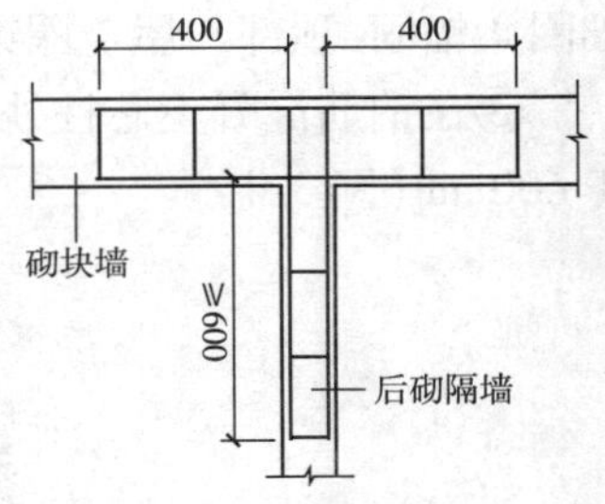

图 3-2　砌块墙与后砌隔墙交接处钢筋网片(尺寸单位:mm)

2. 夹心墙构造

混凝土砌块夹心墙由内叶墙、外叶墙及其间拉结件组成(图 3-3)。内外叶墙间设保温层。

内叶墙采用主规格混凝土小型空心砌块,外叶墙采用辅助规格(390mm × 90mm × 190mm)混凝土小型空心砌块。拉结件采用环形拉结件、Z 形拉结件或钢筋网片。砌块强度等级不应低于 MU10。

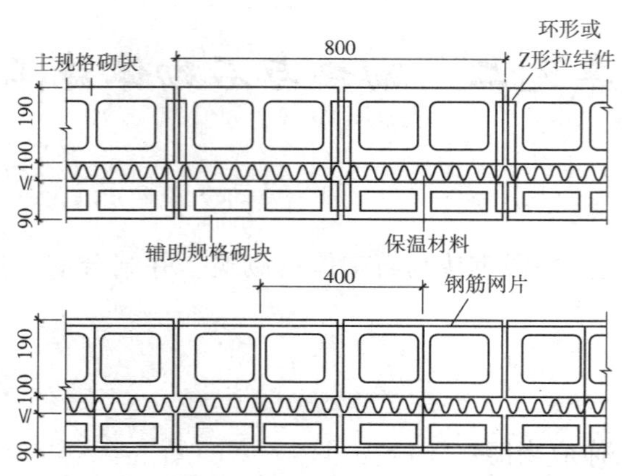

图 3-3　混凝土砌块夹心墙(尺寸单位:mm)

当采用环形拉结件时,钢筋直径不应小于 4mm;当采用 Z 形拉结件时,钢筋直径不应小于 6mm。拉结件应沿竖向梅花形布置,拉结件的水平和竖向最大间距分别不宜大于 800mm 和 600mm;对有振动或有抗震设防要求时,其水平和竖向最大间距分别不宜大于 800mm 和 400mm。

当采用钢筋网片作为拉结件时,网片横向钢筋的直径不应小于 4mm,其间距不应大于 400mm;网片的竖向间距不宜大于 600mm,对有振动或有抗震设防要求时,不宜大于 400mm。

拉结件在叶墙上的搁置长度,不应小于叶墙厚度的 2/3,并不应小于 60mm。

3. 芯柱构造

(1)墙体的下列部位宜设置芯柱:

①在外墙转角、楼梯间四角的纵横墙交接处的三个孔洞,宜设置素混凝土芯柱。

②五层及五层以上的房屋,应在上述部位设置钢筋混凝土芯柱。

(2)芯柱的构造要求如下:

①芯柱截面不宜小于 120mm × 120mm,宜用不低于 C20 的细石混凝土浇灌。

②钢筋混凝土芯柱每孔内插竖筋不应小于 1ϕ10,底部应伸入室内地面下 500mm 或与基础圈梁锚固,顶部与屋盖圈梁锚固。

③在钢筋混凝土芯柱处,沿墙高每隔 600mm 应设 ϕ4 的钢筋网片拉结,每边伸入墙体不小于 600mm(图 3-4)。

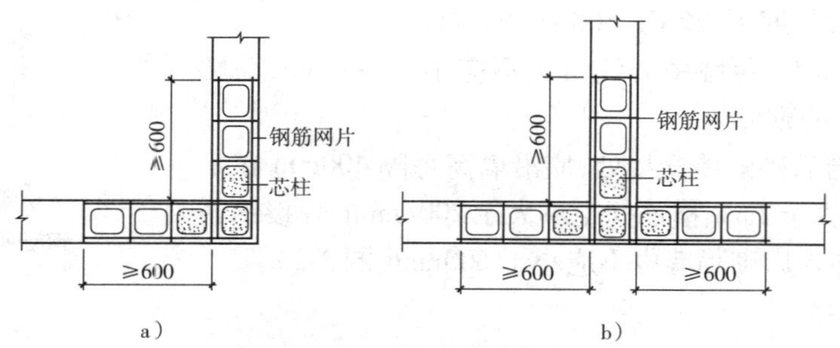

图 3-4　钢筋混凝土芯柱处拉筋(尺寸单位:mm)

a)转角处;b)直接处

④芯柱应沿房屋的全高贯通,并与各层圈梁整体现浇,可采用如图 3-5 所示的做法。

在 6 ~ 8 度抗震设防的建筑物中,应按芯柱位置要求设置钢筋混凝土芯柱;对医院、教学楼等横墙较少的房屋,应根据房屋增加一层后的层数,按表 3-11 的要求设置芯柱。

抗震设防区混凝土小型空心砌块房屋芯柱设置要求 表3-11

房屋层数			设置部位	设置数量
6度	7度	8度		
四	三	二	外墙转角、楼梯间四角、大房间内外墙交接处	外墙转角灌实3个孔;内外墙交接处灌实4个孔
五	四	三		
六	五	四	外墙转角、楼梯间四角、大房间内外墙交接处,山墙与内纵墙交接处,隔开间横墙(轴线)与外纵墙交接处	
七	六	五	外墙转角,楼梯间四角,各内墙(轴线)与外墙交接处;8度时,内纵墙与横墙(轴线)交接处和洞口两侧	外墙转角灌实5个孔;内外墙交接处灌实4个孔;内墙交接处灌实4~5个孔;洞口两侧各灌实1个孔

芯柱竖向插筋应贯通墙身且与圈梁连接;插筋不应小于1ϕ12。芯柱应伸入室外地下500mm或锚入浅于500mm基础圈梁内。芯柱混凝土应贯通楼板,当采用装配式钢筋混凝土楼板时,可采用图3-6的方式实施贯通措施。

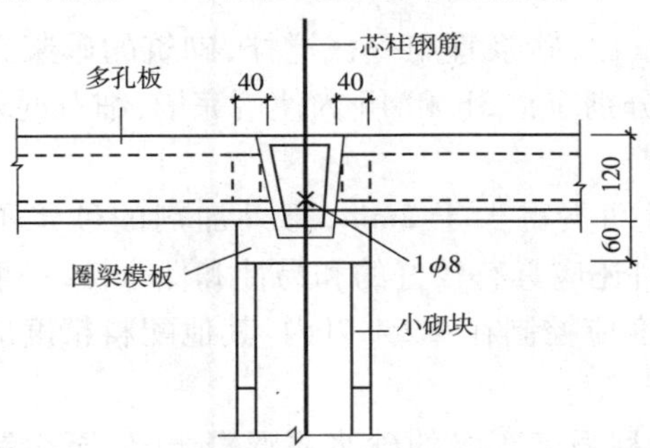

图3-5 芯柱贯穿楼板的构造(尺寸单位:mm)

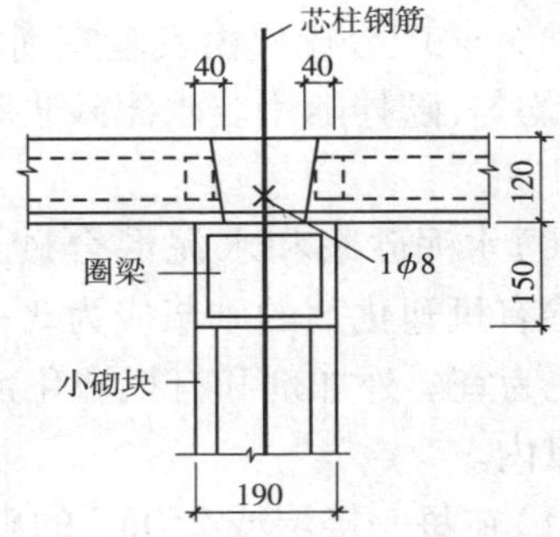

图3-6 芯柱贯通楼板措施

抗震设防地区芯柱与墙体连接处,应设置ϕ4的钢筋网片拉结,钢筋网片每边伸入墙内不宜小于1m,且沿墙高每隔600mm设置。

(二)知识要点

1.混凝土小型空心砌块砌体的施工要点

(1)砌块装卸应堆放整齐,运到现场的砌块应按不同型号、规格,分别堆放整齐,高度不超过1.6m,垛间应有通道,场地应做好排水。

(2)砌体施工前,应将基层清理干净,按设计标高进行找平,并根据施工图放出墙体的轴线、外边线、门窗洞口线等位置线。

(3)砌块砌体在砌筑前,应根据工程设计图,结合砌块品种规格绘制砌体砌块组合排列图。

(4)砌块砌筑时,应遵守下列基本规定:

①尽量采用主规格砌块,砌筑时,应先清除砌块表面污物和芯柱所用砌块孔洞的毛边;剔除外观质量不合格的小砌块,承重墙体严禁使用断裂小砌块。

②从转角或定位处开始砌筑。内外墙应同时砌筑，纵横墙交错搭接。

③应对孔错缝搭砌。个别情况下无法对孔砌筑时，允许错孔砌筑，但其搭接长度不应小于9cm，如不能保证时，在灰缝中应设拉结钢筋。

④砌块应底面朝上砌筑。

⑤承重墙体不得采用砌块与黏土砖等混合砌筑。

（5）普通混凝土小砌块一般不宜浇水，在炎热天可提前洒水湿润，但不宜过多，根据天气和温度具体掌握。

（6）砌块应逐块铺砌，采用满铺满挤法。灰缝应做到横平竖直，全部灰缝均应填满砂浆。水平灰缝可用坐浆法铺砌，垂直灰缝可先在砌块端头刮满砂浆，然后将砌块挤压至要求的尺寸。

（7）砌筑前应按砌块高度和灰缝厚度计算皮数，立好皮数杆，间距不大于15m。

（8）砌筑时应从转角或定位处开始向一侧进行，内外墙同时砌筑，纵横墙交错搭接。砌体立面砌筑形式只有全顺一种，即各皮砌块均为顺砌，上下皮竖缝相互错开1/2砌块长度，上下皮砌块孔洞相互对准，个别不能对孔时，允许错位砌筑，但搭接长度不应小于90mm，如不能做到时，应在灰缝中设拉结钢筋或钢筋网片。拉结筋可用2ϕ6的钢筋；钢筋网片可用ϕ4的钢筋焊接而成，拉结钢筋或钢筋网的长度不应小于700mm。但竖向通缝不得超过两皮小型砌块。

（9）砂浆配合比应由实验室确定，采用质量比，砂浆宜用机械搅拌，砌筑的砂浆必须由机械搅拌均匀，随拌随用。水泥砂浆和混合砂浆分别应在3h和4h内使用完毕，细石混凝土应在2h内用完。

（10）水泥砂浆和水泥混合砂浆的搅拌时间不得少于2min，掺外加剂的砂浆不得少于3min，掺有机塑化剂的砂浆应为3～5min。同时还应具有较好的和易性和保水性，一般稠度以5～7cm为宜。外加剂和有机塑化剂的配料精度应控制在±2%以内，其他配料精度应控制在±5%以内。

（11）在每一楼层或250m^3的砌体中，对每种强度等级的砂浆或混凝土，应至少制作一组试块（每组六块）。如砂浆和混凝土的强度等级或配合比变更时，也应制作试块以便检查。

（12）每当砌完一块，应随后进行勾缝，勾缝深度一般为3～5mm。

（13）当有芯柱时，应按设计要求绑扎钢筋，芯柱混凝土应随砌随灌随捣实，芯柱应上下贯通。当后浇芯柱混凝土时，必须在砌筑砂浆强度大于1MPa时方可进行浇灌。混凝土浇灌前应清理干净芯柱内的杂物并浇水湿润。

（14）砌块灰缝应横平竖直，水平灰缝厚度和竖直灰缝的宽度宜为10mm，但不应小于8mm，也不应大于12mm。砂浆饱满度水平灰缝不得低于90%，竖向灰缝不得低于80%，砌筑时的一次铺灰长度不宜超过两块主规格块体的长度。移动小型砌块，应重新铺灰砌筑。

（15）墙体临时间断处，应留不小于2/3高度的斜槎。如必须留直槎应设钢筋网片拉结。

（16）预制梁、板安装应坐浆垫平。墙上预留孔洞、管道、沟槽和预埋件，应在砌筑时预留或预埋，不得在砌好的墙体上打凿。

（17）底层室内地面以下的砌体、楼板支承处如无圈梁时的板下一皮砌块、次梁支承处等部位，空心砌块应用混凝土填实。对设计要求用混凝土填实孔洞以构成芯柱的，混凝土坍落度应不小于5cm，每浇灌40～50cm高度应捣实一次。

(18)对墙体表面的平整度和垂直度、灰缝和均匀程度等,应随时检查并校正所发现的偏差。在砌完每一层楼后,应校核墙体的轴线尺寸和标高。在允许范围内的轴线以及标高的偏差,可在楼板面上予以校正。

(19)在砌筑过程中,应采用"原浆随砌随收缝法",先勾水平缝,后勾竖向缝。灰缝与砌块面要平整密实,不得出现丢缝、瞎缝、开裂和黏结不牢等情况,以避免墙面渗水,并利于墙面粉刷和装饰。

(20)墙体内应尽量不设脚手眼,如必须设置时,可用390mm×190mm×190mm砌体侧砌,利用其孔洞作为脚手眼,砌体完工后,应用C15混凝土将脚手眼填实。

(21)在墙体的下列部位不得设置脚手眼:

①过梁上部与过梁成60°的三角形范围内。

②宽度小于80cm的窗间墙。

③梁或梁垫下及其左右各50cm的范围内。

④门窗洞口两侧20cm和墙体交接处40cm的范围内。

⑤设计规定不允许设脚手眼的部位。

2.混凝土中型空心砌块砌体的施工要点

(1)砌体施工前,应将基层清理干净,按设计标高进行抄平,并根据施工图和砌块排列组砌图放出墙体的轴线、外边线、洞口线以及第一皮砌块的分块线。

(2)砂浆配合比应由实验室确定,采用质量比,砂浆宜用机械搅拌,砌筑的砂浆必须由机械搅拌均匀,随拌随用。水泥砂浆和混合砂浆分别应在3h和4h内使用完毕,细石混凝土应在2h内用完。

(3)水泥砂浆和水泥混合砂浆的搅拌时间不得少于2min,掺外加剂的砂浆不得少于3min,掺有机塑化剂的砂浆应为3~5min。同时还应具有较好的和易性和保水性,一般稠度以5~7cm为宜。外加剂和有机塑化剂的配料精度应控制在±2%以内,其他配料精度应控制在±5%以内。

(4)在每一楼层或250m^3的砌体中,对每种强度等级的砂浆或混凝土,应至少制作一组试块(每组六块)。如砂浆和混凝土的强度等级或配合比变更时,也应制作试块以便检查。

(5)当设计无规定时,砌块排列应遵循下列原则:

①根据工程设计图及砌块的品种、规格绘制砌块排列图,尽量采用主规格砌块。

②砌块应错缝搭接,砌块长度不得小于块高的1/3,也不应小于15cm。

③外墙转角处及纵横墙交接处,应分皮咬槎,交错搭砌,如不能咬槎时应按设计要求采取其他措施。

④必须镶砖时,砖应分散布置。

(6)砌筑时砌块的搭接长度一般为砌块的长度1/2,不得小于砌块高度的1/3,也不应小于150mm,同时要求砌块上下皮孔对孔,肋对肋。

(7)砌块一般不宜浇水,但在高温季节和天气干燥时,可在砌筑前一天进行浇水湿润。

(8)砌体的灰缝应做到横平竖直,全部灰缝均应填铺砂浆。水平灰缝的砂浆饱满程度,不得低于90%;竖直灰缝的砂浆饱满程度,不得低于80%,严禁用水冲浆浇灌灰缝。砌体水平灰缝的厚度一般为15mm,如加钢筋网片砌体,水平灰缝厚度为20~25mm,竖直灰缝的宽度应控制在20mm。大于30mm的垂直缝应采用C20细石混凝土灌实。

(9)砌筑前应清除砌块表面的污物及黏土,并对砌块进行外观检查。砌筑砌块从转角处或定位砌块处开始，内外墙应同时砌筑，纵横墙交接处应交错搭接砌，每个楼层砌筑完成后应复核标高和轴线，如有误差应找平校正。

(10)砌块建筑在相邻施工段之间或临时间断处的高度差不应超过一个楼层，并应留阶梯形斜槎。附墙垛应与墙体同时交错搭砌。

(11)对设计规定的洞口、管道、沟槽和预埋件等，砌筑时应预留或预埋，不得在砌好的墙上打凿。空心砌块墙体不得打凿通长沟槽。

(12)常温施工时，砌块及空心砌块的插筋孔应提前浇水湿润。

(13)当采用退榫法砌筑时，砌块就位时的榫面不得高出砂浆表面，内外墙面的榫孔不得贯通。

(14)用普通砖镶砌前后一皮砖，必须选用无裂纹的整砖，顶砖镶砌时，不得使用半砖。

(15)砌块就位并经校正平直、灌垂直缝后，随即进行水平和垂直缝的勒缝(原浆勾缝)，勒缝(原浆勾缝)深度一般在3~5mm之间。灌垂直缝后的砌块不得碰撞或撬动，如发生移动，应重新铺砌。预制板、梁安装时必须坐浆。

(16)门窗框的固定必须牢靠，每边固定点不得少于三处；当窗宽小于80cm时，每边固定点不得少于两处。

(17)当设有混凝土芯柱时，按设计要求设置钢筋，钢筋数量、规格、位置应正确。应随砌随在孔内灌混凝土，每次灌孔高度应比砌块顶面低10cm左右。

3. 毛石基础的施工要点

(1)砂浆配合比应由实验室确定，采用质量比，砌筑的砂浆必须由机械搅拌均匀，随拌随用。水泥砂浆和混合砂浆分别应在3h和4h内使用完毕，细石混凝土应在2h内用完。

(2)水泥砂浆和水泥混合砂浆的搅拌时间不得少于2min，掺外加剂的砂浆不得少于3min，掺有机塑化剂的砂浆应为3~5min。同时还应具有较好的和易性和保水性，一般稠度以5~7cm为宜。外加剂和有机塑化剂的配料精度应控制在±2%以内，其他配料精度应控制在±5%以内。

(3)在每一楼层或250m^3的砌体中，对每种强度等级的砂浆或混凝土，应至少制作一组试块(每组六块)。如砂浆和混凝土的强度等级或配合比变更时，也应制作试块以便检查。

(4)基底标高不同时，应从低处砌起，并应由高处向低处搭砌，当设计无要求时，搭接长度不应小于基础扩大部分的高度。

(5)设计要求的洞口等应于砌体砌筑前正确留出，未经设计同意，不得打凿石材墙体。

(6)砌毛石基础应双面拉准线。第一皮按所放的基础边线砌筑，以上各皮按准线砌筑。

(7)砌第一皮毛石时，应选用有较大平面的石块，先在基坑底铺设砂浆，再将毛石砌上，并使毛石的大面向下。

(8)砌每一皮毛石时，应分皮卧砌，并应上下错缝，内外搭砌，不得采用先砌外面石块，后中间填心的砌筑方法，石块间较大的空隙应先填塞砂浆后用碎石嵌实，不得采用先摆碎石块后塞砂浆或干填碎石块的方法。

(9)灰缝厚度宜为20~30mm，砂浆饱满度不应小于80%，石块间不得有相互接触现象。

(10)毛石基础的每皮毛石内每隔2m左右设置一块拉结石。拉结石宽度：如基础宽度等于或小于400mm，拉结石宽度应与基础宽度相等；如基础宽度大于400mm，可用两块拉结石内外搭接，搭接长度不应小于150mm，且其中一块长度不应小于基础宽度的2/3。

(11)阶梯形毛石基础，上阶的石块应至少压砌下阶石块的1/2，相邻阶梯毛石应相互错缝搭接，如图3-7所示。

(12)毛石基础最上一皮，宜选用较大的平毛石砌筑。转角处、交接处和洞口处也应选用平毛石砌筑。

(13)毛石基础转角处和交接处应同时砌起，如不能同时砌起又必须留槎时，应留成斜槎，斜槎长度应不小于斜槎高度。斜槎面上毛石不应找平，继续砌筑时应将斜槎面清理干净。

(14)每天砌完后，应在当天砌的砌体上铺一层灰浆，表面应粗糙。夏天施工时，对刚砌完的砌体，应用草袋覆盖养护5～7d，避免风吹、日晒、雨淋。毛石基础全部砌完，要及时在基础两边均匀分层回填土，分层夯实。

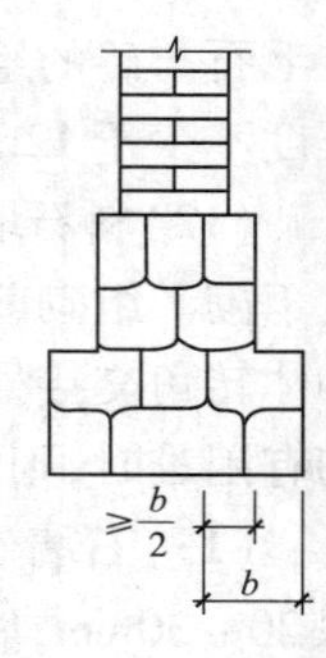

图3-7 毛石搭接

(15)毛石基础每天可砌筑高度为1.2m。

4. 毛石墙砌体的施工要点

(1)毛石墙砌筑前，应先清扫基础面，后在基础面上弹出轴线及边线，在墙体两端竖立样杆，在两样杆上拉准线，以控制毛石进出位置。

(2)砌毛石墙应根据基础的中心线放出墙身里外边线，挂线分皮卧砌，每皮高300～400mm。砌筑方法采用铺浆法。用较大的平毛石，先砌转角处、交接处和门洞处，再向中逐块卧砌坐浆，使砂浆饱满。石块间较大的空隙应先填塞砂浆，后用碎石嵌实。严禁采取先填塞小石块后灌浆的做法。每个楼层砌体的最上一皮，宜选用较大的毛石砌筑。灰缝宽度一般为20～30mm，铺灰厚度为40～50mm。

(3)砂浆配合比应由实验室确定采用质量比，砌筑的砂浆必须由机械搅拌均匀，随拌随用。水泥砂浆和混合砂浆分别应在3h和4h时内使用完毕，细石混凝土应在2h内用完。

(4)水泥砂浆和水泥混合砂浆的搅拌时间不得少于2min，掺外加剂的砂浆不得少于3min，掺有机塑化剂的砂浆应为3～5min。同时还应具有较好的和易性和保水性，一般稠度以5～7cm为宜。外加剂和有机塑化剂的配料精度应控制在±2%以内，其他配料精度应控制在±5%以内。

(5)在每一楼层或250m^{3}的砌体中，对每种强度等级的砂浆或混凝土，应至少制作一组试块(每组六块)。如砂浆和混凝土的强度等级或配合比变更时，也应制作试块以便检查。

(6)砌筑时，石块上下皮应互相错缝，内外交错搭砌，避免出现重缝、干缝、空缝和孔洞，同时应注意合理摆放石块，以免砌体承重后发生错位、劈裂、外鼓等现象。

(7)如砌筑时毛石的形状和大小不一，难以每皮砌平，亦可采取不分皮砌法，每隔一定高度大体砌平。

(8)为增强墙身的横向力，毛石墙每0.7m^{2}的墙面至少应设置一块拉结石，并应均匀分布，相互错开，在同皮内的中距不应大于2m。拉结石长度，如墙厚等于或小于40cm，应等于墙厚；墙厚大于40cm，可用两块拉结石内外搭接，搭接长度不应小于15cm，且其中一块长度不应小于墙厚的2/3。

(9)在转角及两墙交接处应用较大和较规整的垛石相互搭砌，并同时砌筑，必要时设置钢筋拉结条。如不能同时砌筑，应留阶梯形斜槎，其高度不应超过1.2m，不得留锯齿形直槎。

(10)毛石墙每日砌筑高度不应超过1.2m，正常气温下，停歇4h后可继续垒砌。每砌3～4层应大致找平一次，中途停工时，石块缝隙内应填满砂浆，但该层上表需待继续砌筑时再铺砂浆。砌至楼层高度时，应使用平整的大石块压顶并用水泥砂浆全面找平。

(11)墙中门窗洞可砌砖平拱或放置钢筋混凝土过梁，并应与窗框间预留10mm下沉高度。

在毛石与砖的组合墙中，两者应同时砌筑，并每隔 4 ~ 5 皮砖用顶砖层与毛石砌体搭接砌，搭接长度不少于 12cm，搭接处要平稳，两种砌体间的缝隙随砌随用砂浆填满。

（12）料石墙的砌筑形式有全顺、丁顺叠砌、丁顺组砌等方式，第一皮及每个楼层的最上一皮丁砌。组砌前应按石料及灰缝平均厚度计算层数，立皮数杆。砌筑时，上下皮应错缝搭接；砌体转角交接处，石块应相互搭接。料石宜用“铺浆法”砌筑，当铺浆厚度为 20mm 的石块搭砌有困难时，则应每隔 1.0 ~ 1.5m 高度设置钢筋网或钢筋拉结条。

（13）石墙勾缝应保持砌合的自然缝，一般采用平缝或凸缝。勾缝前应先剔缝，将灰浆刮深 20 ~ 30mm，墙面用水湿润，再用 1:（1.5 ~ 2.0）水泥砂浆勾缝。缝条应均匀一致，深度相同，十字、丁字形搭接处应平整通顺。

（14）毛石墙中部厚度不小于 200mm，每砌筑 3 ~ 4 皮毛石为一个分层高度，每个分层高度应找平一次。外露面的灰缝不得大于 40mm。上下皮毛石的竖向灰缝应相互错开 80mm 以上，避免形成通缝。

（15）毛石墙与砖墙相接的转角处和交接处应同时砌筑。转角处和相接处应自纵墙（横墙）4 ~ 6 皮砖高度引出不少于 120mm 与横墙（纵墙）相连接，如图 3-8 和图 3-9 所示。

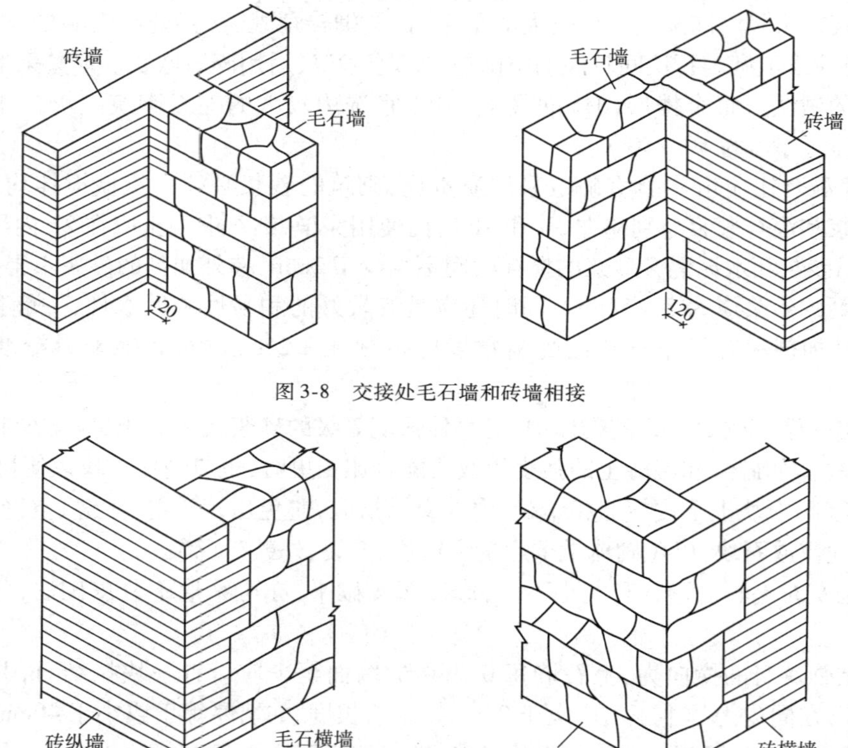

图 3-8　交接处毛石墙和砖墙相接

图 3-9　转角处毛石墙和砖墙相接

5. 料石基础的施工要点

（1）砌料石基础应双面拉准线。第一皮按所放的基础边线砌筑，以上各皮按皮数杆准线砌筑。

（2）料石砌筑时可先砌转角处和交接处，后砌中间部分。

（3）砂浆配合比应由实验室确定，采用质量比，砂浆宜用机械搅拌，砌筑的砂浆必须由机械搅拌均匀,随拌随用。水泥砂浆和混合砂浆分别应在3h和4h内使用完毕,细石混凝土应在2h内用完。

(4)水泥砂浆和水泥混合砂浆的搅拌时间不得少于2min,掺外加剂的砂浆不得少于3min,掺有机塑化剂的砂浆应为3~5min。同时还应具有较好的和易性和保水性,一般稠度以5~7cm为宜。外加剂和有机塑化剂的配料精度应控制在±2%以内,其他配料精度应控制在±5%以内。

(5)在每一楼层或250m^{3}的砌体中,对每种强度等级的砂浆或混凝土,应至少制作一组试块(每组六块)。如砂浆和混凝土的强度等级或配合比变更时,也应制作试块以便检查。

(6)料石基础的第一皮应丁砌,在基底坐浆。阶梯形基础,上阶料石基础应至少压砌下阶料石的1/3宽度。

(7)灰缝厚度不宜大于20mm,砌筑时,砂浆铺设厚度应略高于规定灰缝厚度,一般高出厚度为6~8mm,砂浆应饱满。

(8)阶梯形毛石基础,上阶的石块应至少压砌下阶石块的1/2,相邻阶梯毛石应相互错缝搭接,如图3-10所示。

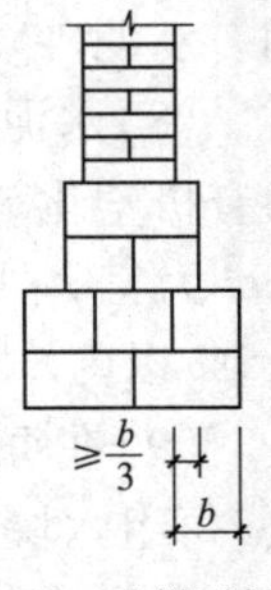

图3-10 阶梯形料石基础

(9)有高低台的料石基础,应从低处砌起,并由高台向低台搭接,搭接长度不小于基础高度。

(10)料石基础转角处和交接处应同时砌起,如不能同时砌起又必须留槎时,应留成斜槎,斜槎长度应不小于斜槎高度。斜槎面上毛石不应找平,继续砌筑时应将斜槎面清理干净。

(11)料石基础每天可砌筑高度为1.2m。

6.料石墙砌体施工要点

(1)料石墙砌筑有以下形式:

①全顺砌筑,每皮均为顺砌石,上下皮竖缝相互错开1/2石长。适用于墙厚等于石宽的情况。

②丁顺叠砌,一皮顺砌石与一皮丁砌石相隔砌成,上下皮顺石与丁石间竖缝相互错开1/2石宽。适用于墙厚等于石长的情况。

③丁顺组砌,同皮内每1~3块顺石与一块丁石相间砌成,上皮丁石座中于下皮顺石,上下皮竖缝相互错开至少1/2石宽,丁石中距不超过2m。适用于墙厚等于或大于两块料石宽度的情况,如图3-11所示。

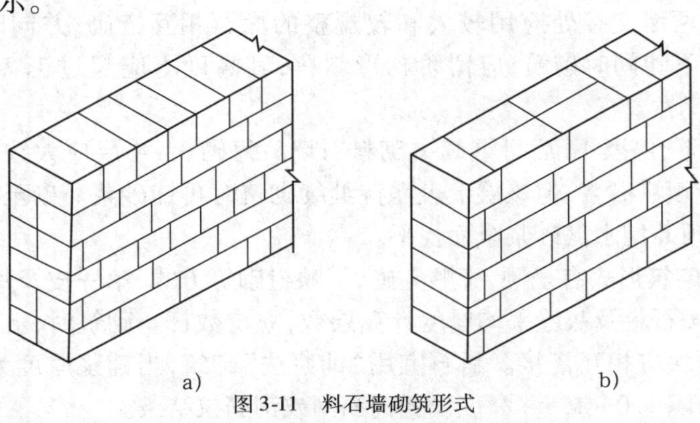

图3-11 料石墙砌筑形式

a)两顺一丁;b)丁顺组砌

(2)砌料石墙应双面拉准线。第一皮按所放的墙边线砌筑,以上各皮按准线砌筑。

(3)料石砌筑时可先砌转角处和交接处,后砌中间部分。

(4)料石墙的第一皮及每个楼层的最上一皮应丁砌。

(5)灰缝厚度:细料石墙不宜大于5mm;半细料石墙不宜大于10mm;粗料石和毛料石墙不宜大于20mm。

(6)砌筑时,砂浆铺设厚度应略高于规定灰缝厚度,其高出厚度:细料石、半细料石宜为3~5mm;粗料石、毛料石一般高出厚度为6~8mm,砂浆应饱满。

(7)砂浆配合比应由实验室确定,采用质量比,砌筑的砂浆必须由机械搅拌均匀,随拌随用。水泥砂浆和混合砂浆分别应在3h和4h内使用完毕,细石混凝土应在2h内用完。

(8)水泥砂浆和水泥混合砂浆的搅拌时间不得少于2min,掺外加剂的砂浆不得少于3min,掺有机塑化剂的砂浆应为3~5min。同时还应具有较好的和易性和保水性,一般稠度以5~7cm为宜。外加剂和有机塑化剂的配料精度应控制在±2%以内,其他配料精度应控制在±5%以内。

(9)在每一楼层或250m^3的砌体中,对每种强度等级的砂浆或混凝土,应至少制作一组试块(每组六块)。如砂浆和混凝土的强度等级或配合比变更时,也应制作试块以便检查。

(10)在料石和砖的组合墙中,料石和砖应同时砌起,并每隔2~3皮料石用丁砌石与毛石或砖拉结砌合,丁砌料石的长度宜与组合墙厚度相同。

(11)料石基础转角处和交接处应同时砌起,如不能同时砌起又必须留槎时,应留成斜槎,斜槎长度应不小于斜槎高度。斜槎面上毛石不应找平,继续砌筑时应将斜槎面清理干净。

(12)料石墙每天可砌筑高度为1.2m。

(13)料石清水墙中不得留脚手眼。

(14)砌筑时,石块上下皮应互相错缝,内外交错搭砌,避免出现重缝、干缝、空缝和孔洞,同时应注意合理摆放石块,以免砌体承重后发生错位、劈裂、外鼓等现象。

(15)如砌筑时料石的形状和大小不一,难以每皮砌平,亦可采取不分皮砌法,每隔一定高度大体砌平。

(16)为增强墙身的横向力,料石墙每0.7m^2的墙面至少应设置一块拉结石,并应均匀分布,相互错开,在同皮内的中距不应大于2m。拉结石长度,当墙厚等于或小于40cm时,应等于墙厚;当墙厚大于40cm时,可用两块拉结石内外搭接,搭接长度不应小于15cm,且其中一块长度不应小于墙厚的2/3。

(17)在转角及两墙交接处应用较大和较规整的垛石相互搭砌,并同时砌筑,必要时设置钢筋拉结条。如不能同时砌筑,应留阶梯形斜槎,其高度不应超过1.2m,不得留锯齿形直槎。

(18)正常气温下,停歇4h后可继续垒砌料石墙。每砌3~4层应大致找平一次,中途停工时,石块缝隙内应填满砂浆,但该层上表需待继续砌筑时再铺砂浆。砌至楼层高度时,应使用平整的大石块压顶并用水泥砂浆全面找平。

(19)料石墙的砌筑形式有全顺、丁顺叠砌、丁顺组砌等方式,第一皮及每个楼层的最上一皮丁砌。组砌前应按石料及灰缝平均厚度计算层数,立皮数杆。砌筑时,上下皮应错缝搭接;砌体转角交接处,石块应相互搭接。料石宜用“铺浆法”砌筑,当铺浆厚度为20mm的石块搭砌有困难时,则应每隔1.0~1.5m高度设置钢筋网或钢筋拉结条。

(20)料石墙勾缝应保持砌合的自然缝,一般采用平缝或凸缝。勾缝前应先剔缝,将灰浆刮深 20～30mm，墙面用水湿润，再用 1∶（1.5～2.0）水泥砂浆勾缝。缝条应均匀一致，深度相同，十字、丁字形搭接处应平整通顺。

7. 石材挡土墙砌体工程的施工要点

（1）砌毛石挡土墙应采用铺浆法砌筑。砂浆稠度宜为 3～5cm，当气候变化时，应适当调整。

（2）砌筑毛石挡土墙应符合下列规定：

①毛石的中部厚度不宜小于 20cm。

②每砌 3～4 皮为一个分层高度，每个分层高度应找平一次。

③外露面的灰缝厚度不得大于 40mm，两个分层高度间的错缝不得小于 80mm，如图 3-12 所示。

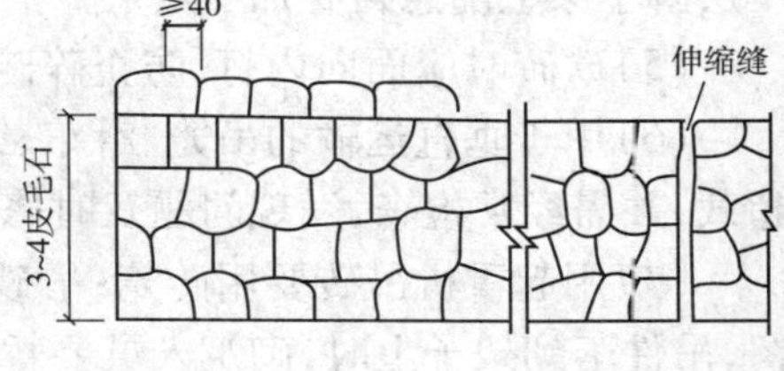

图 3-12　毛石挡土墙立面（尺寸单位：mm）

（3）料石挡土墙宜采用同皮内丁顺相间的砌筑形式。当中间部分用毛石填砌时，丁砌料石伸入毛石部分的长度不应小于 20cm。

（4）砌毛石挡土墙时应双面拉准线。第一皮按所放的基础边线砌筑，以上各皮按准线砌筑。

（5）砂浆配合比应由实验室确定，采用质量比，砌筑的砂浆必须机械搅拌均匀，随拌随用。水泥砂浆和混合砂浆分别应在 3h 和 4h 内使用完毕，细石混凝土应在 2h 内用完。

（6）水泥砂浆和水泥混合砂浆的搅拌时间不得少于 2min，掺外加剂的砂浆不得少于 3min，掺有机塑化剂的砂浆应为 3～5min。同时还应具有较好的和易性和保水性，一般稠度以 5～7cm 为宜。外加剂和有机塑化剂的配料精度应控制在 ±2% 以内，其他配料精度应控制在 ±5% 以内。

（7）在每一施工段或 250m^3 的砌体中，对每种强度等级的砂浆或混凝土，应至少制作一组试块（每组六块）。如砂浆和混凝土的强度等级或配合比变更时，也应制作试块以便检查。

（8）砌第一皮毛石时，应选用有较大平面的石块，先在基坑底铺设砂浆，再将毛石砌上，并使毛石的大面向下。

（9）砌每一皮毛石时，应分皮卧砌，并应上下错缝，内外搭砌，不得采用先砌外面石块，后中间填心的砌筑方法。石块间较大的空隙应先填塞砂浆后用碎石嵌实，不得采用先摆碎石块后塞砂浆或干填碎石块的方法。

（10）灰缝厚度宜为 20～30mm，砂浆应饱满，石块间不得有相互接触的现象。

（11）阶梯形毛石挡土墙，上阶的石块应至少压砌下阶石块的 1/2，相邻阶梯毛石应相互错缝搭接。

（12）毛石最上一皮，宜选用较大的平毛石砌筑。转角处、交接处和洞口处也应选用平毛石砌筑。

（13）有高低台的毛石挡土墙，应从低处砌起，并由高台向低台搭接。

（14）毛石挡土墙每天可砌筑高度为 1.2m。

（15）砌筑挡土墙，应按设计要求收坡或收台，并设置泄水孔。

（16）毛石挡土墙转角处和纵横墙相交处应同时砌筑，不能同时砌筑时应留成斜槎。

8. 安全环境防护措施

（1）墙身砌体高度超过地坪 1.2m 以上时，应搭设脚手架。在一层以上或高度超过 4m 时，采用里脚手架必须支搭安全网；采用外脚手架应设护身栏杆和挡脚板后方可砌筑。

(2)脚手架上堆料量不得超过规定荷载，堆砖高度不得超过3皮侧砖，同一块脚手板上的操作人员不应超过两人。

(3)不准站在墙顶上进行画线、刮缝及清扫墙面或检查大角垂直等工作。

(4)不准用不稳固的工具或物体在脚手板面垫高操作，更不准在未经过加固的情况下，在一层脚手架上随意再叠加一层。

(5)砍砖时应面向内打，防止碎砖跳出伤人。

(6)用于垂直运输的吊笼、滑车、绳索、刹车等，必须满足负荷要求，牢固无损；吊运时不得超载，并需经常检查，发现问题及时修理。

(7)用起重机吊砖要用砖笼；吊砂浆的料斗不能装得过满。吊杆回转范围内不得有人停留，吊件落到架子上时，砌筑人员要暂停操作，并避开一边。

(8)砖、石运输车辆两车前后距离平道上不小于2m，坡道上不小于10m；装砖时要先取高处后取低处，防止垛倒砸人。

(9)已砌好的山墙，应临时用联系杆(如擦条等)放置各跨山墙上，使其联系稳定，或采取其他有效的加固措施。

(10)冬期施工时，脚手板上如有冰霜、积雪，应先清除后才能上架子进行操作。

(11)如遇雨天及每天下班时，要做好防雨措施，以防雨水冲走砂浆，致使砌体倒塌。

(12)在同一垂直面内上下交叉作业时，必须设置安全隔板，下方操作人员必须佩戴安全帽。

(13)人工垂直往上或往下(深坑)传递砖石时，要搭递砖架子，架子的站人板宽度应不小于60cm。

(14)用锤打石时，应先检查铁锤有无破裂，锤柄是否牢固。打锤要按照石纹走向落锤，锤口要平，落锤要准，同时要看清附近情况有无危险，然后落锤，以免伤人。

(15)不准在墙顶或架上修改石材，以免振动墙体影响质量或石片掉下伤人。

(16)不准徒手移动上墙的料石，以免压破或擦伤手指。

(17)不准勉强在超过胸部以上的墙体上进行砌筑，以免将墙体碰撞倒塌或上石时失手掉下造成安全事故。

(18)石块不得往下掷。运石上下时，脚手板要钉装牢固，并钉防滑条及扶手栏杆。

(19)已经就位的砌块，必须立即进行竖缝灌浆；对稳定性较差的窗间墙、独立柱和挑出墙面较多的部位，应加临时稳定支撑，以保证其稳定性。

(20)在大风、大雨、冰冻等异常气候之后，应检查砌体是否有垂直度的变化，是否产生了裂缝，是否有不均匀下沉等现象。

(三)引导问题

1. 混凝土小型空心砌块砌体的材料要求和作业条件有哪些?

2. 混凝土小型空心砌块砌体的工艺流程是什么?

3. 比较普通烧结砖与混凝土小型砌块施工要点的异同点。

4. 混凝土中型空心砌块砌体的材料要求和作业条件有哪些?

5. 混凝土中型空心砌块砌体的工艺流程是什么?

6. 毛石基础砌体的材料要求和作业条件有哪些?

7. 毛石基础砌体的工艺流程是什么？
8. 毛石墙砌体的材料要求和作业条件有哪些？
9. 毛石墙砌体的工艺流程是什么？
10. 料石基础的材料要求和作业条件有哪些？
11. 料石基础的工艺流程是什么？
12. 料石墙砌体工程的材料要求和作业条件有哪些？
13. 料石墙砌体工程的工艺流程是什么？
14. 石材挡土墙砌体工程的材料要求和作业条件有哪些？
15. 石材挡土墙砌体工程的工艺流程是什么？

四、任务实施

1. 各小组各自砌筑一段砌块或石砌体，根据计划在实训基地领取所需材料及工具。
2. 各小组组织安全教育学习，检查并做好安全防护措施。
3. 学习砌块、石砌体施工工艺流程及施工要点，并进行合理分工合作。
4. 通过录像和实训指导老师指导进行砌筑。
5. 各小组讨论总结砌筑过程的经验教训，进行交接验收，并结合前一任务完成的准备工作，编制工程施工方案。

五、评价与反馈

1. 学生自我评价

(1)完成此次任务是否顺利？若不顺利，请列出遇到的问题。

(2)分析出现问题的原因，并提出相应的解决办法。

(3)你认为还需加强哪些方面的指导？

2. 学习工作过程评价表

请填写任务评价表(表3-12)。

任务评价表　　表 3-12

考核项目	分数			学生自评（30%）	小组互评（30%）	教师评价（40%）	小计
	差	中	好				
是否具备团队合作精神	1.5	3	5				
是否积极参与活动	1.5	3	5				
工作过程安排是否合理规范	6	12	20				
是否遵守劳动纪律	1.5	3	5				
资料收集是否准确、快捷	1.5	3	5				
应变能力是否强，回答问题是否准确	4.5	9	15				
安全、环保、注意事项考虑是否周全	4.5	9	15				
砌块与石砌体工程砌筑操作是否正确、快捷	4.5	9	15				
砌块与石砌体工程施工方案是否完整、详实、正确	4.5	9	15				
总计	30	60	100				
教师签字：　　年　月　日						得分	

任务单元三　砌块与石砌体质量验收

一、任务描述

每小组对在前任务单元完成的一段砌块与石砌体工程进行检验批和分项工程的质量检查与验收，并填写相关表格做好自检资料。

二、学习目标

通过本任务的学习，你应当能：

1. 根据相关规范和设计图纸要求，对砌块与石砌体工程检验批进行自检；
2. 汇总相关资料，做好自检的相关资料进行自评；
3. 将各个小组的检验批自检资料汇总进行分项工程自检并自评，做好相关资料的填写和汇总。

三、学习准备

（一）知识要点

1. 混凝土小型砌块砌体结构的质量标准

（1）主控项目

①混凝土小型空心砌块和砂浆的强度等级必须符合设计要求。

②混凝土小型空心砌块砌体水平灰缝的砂浆饱满度，应按净面积计算不得低于90%；竖向灰缝饱满度不得小于80%，竖缝凹槽部位应用砌筑砂浆填实；不得出现瞎缝、透明缝。

③混凝土小型空心砌块砌体转角处和纵横交接处应同时砌筑。临时间断处应砌成斜槎，斜槎水平投影长度不应小于高度的2/3。

④混凝土小型空心砌块砌体的轴线偏移和垂直度应符合表3-13的规定。

混凝土小型空心砌块砌体的轴线位置及垂直度允许偏差 表3-13

项次	项目			允许偏差(mm)	检查方法
1	轴线位置偏移			10	用经纬仪和尺量检查
2	垂直度	每层		5	用2m托线板检查
		全高	≤10m	10	用经纬仪、吊线和尺量检查
			>10m	20	

(2)一般项目

①混凝土小型空心砌块砌体的水平灰缝厚度和竖向灰缝宽度宜为10mm,但不应大于12mm,也不应小于8mm。

②混凝土小型空心砌块砌体的一般尺寸允许偏差应符合表3-14的规定。

混凝土小型空心砌块砌体的一般尺寸允许偏差 表3-14

项次	项目		允许偏差(mm)	检查方法
1	楼面标高		±15	用水平仪和尺量检查
2	表面平整度	清水墙	5	用2m靠尺和楔形塞尺检查
		混水墙	8	
3	门窗洞口高、宽(后塞口)		±5	用尺量检查
4	外墙上下窗口偏移		20	以底层窗口为准,用经纬仪或吊线检查
5	水平灰缝平直度	清水墙	7	拉10m线和尺量检查
		混水墙	10	
6	清水墙游丁走缝		20	用吊线和尺量检查,以每层第一皮砖为准

2. *混凝土中型空心砌块砌体的质量标准*

(1)主控项目

①普通混凝土中型砌块和砂浆的强度等级必须符合设计要求。

②普通混凝土中型砌块砌体的转角处和交接处应同时砌筑,严禁无可靠措施的内外墙分砌施工。对不能同时砌筑而又必须留置的临时间断处应砌成斜槎,斜槎水平投影长度不应小于高度的2/3。

③普通混凝土中型砌块砌体水平灰缝砂浆饱满度,按净面积计算不得低于90%,竖向砂浆饱满度不应小于80%。

④普通混凝土中型砌块砌体的轴线位置允许偏差应符合表3-15的规定。

普通混凝土中型砌块砌体的轴线位置及垂直度允许偏差 表3-15

项次	项目			允许偏差(mm)	检查方法
1	轴线位置偏移			10	用经纬仪和尺量检查
2	垂直度	每层		5	用2m托线板检查
		全高	≤10m	10	用经纬仪、吊线和尺量检查
			>10m	20	

(2)一般项目

①普通混凝土中型砌块砌体组砌方法应正确,上、下错缝,内外搭砌。

②普通混凝土中型砌块砌体的灰缝应横平竖直，薄厚均匀。水平灰缝厚度宜为15mm，但不应小于10mm，也不应大于25mm；竖向灰缝宜为20mm，但不应小于15mm，也不应大于30mm。

③普通混凝土中型砌块砌体的一般尺寸允许偏差应符合表3-16的规定。

普通混凝土中型砌块砌体的一般尺寸允许偏差 表3-16

项次	项　　目		允许偏差(mm)	检验方法
1	楼面标高		±15	用水准仪和尺量检查，不应少于5处
2	表面平整度		10	用2m靠尺和楔形塞尺检查
3	水平灰缝平直度	清水墙	7	拉10m线和尺量检查
		混水墙	10	
4	水平灰缝厚度		+10，-5	用尺量检查
5	垂直灰缝宽度		+10，-5	用尺量检查
6	门窗洞口宽度		+10，-5	用尺量检查
7	清水墙面游丁走缝		20	用吊线和尺量检查

3. 毛石基础的施工要点

(1)主控项目

①毛石及砂浆强度等级必须符合设计要求。

②毛石基础砌体砂浆饱满度不应小于80%。

③毛石基础砌体的轴线位置及垂直度允许偏差应符合表3-17的规定。

毛石基础砌体的轴线位置及垂直度允许偏差 表3-17

项次	项　　目	允许偏差(mm)	检验方法
1	轴线偏差	20	用水准仪和尺量检查

(2)一般项目

①毛石基础砌体的组砌形式应内外搭砌、上下错缝，拉结石、丁砌石交错设置；毛石基础墙拉结石每0.7m^2墙面不应少于1块。

②毛石基础砌体的一般尺寸允许偏差应符合表3-18的规定。

毛石基础砌体的一般尺寸允许偏差 表3-18

项次	项　　目	允许偏差(mm)	检验方法
1	墙砌体顶面标高	±25	用水准仪和尺量检查
2	砌体厚度	+30	用尺量检查

4. 毛石墙砌体的质量标准

(1)主控项目

①毛石及砂浆强度等级必须符合设计要求。

②毛石墙砌体砂浆饱满度不应小于80%。

③毛石墙砌体的轴线位置及垂直度允许偏差应符合表3-19的规定。

毛石墙砌体的轴线位置及垂直度允许偏差 表3-19

项次	项　　目		允许偏差(mm)	检查方法
1	轴线位置偏移		15	用经纬仪和尺量检查
2	垂直度	每层	20	用经纬仪、吊线和尺量检查
		全高	30	用经纬仪、吊线和尺量检查

(2)一般项目

①毛石墙砌体的组砌形式应内外搭砌、上下错缝，拉结石、丁砌石交错设置；毛石墙拉结石每 0.7m^2 墙面不应少于 1 块。

②毛石墙砌体的一般尺寸允许偏差应符合表 3-20 的规定。

毛石墙砌体的一般尺寸允许偏差　　表 3-20

项次	项　目	允许偏差(mm)	检验方法
1	毛石墙砌体顶面标高	±15	用水准仪和尺量检查
2	砌体厚度	+20，-10	用尺量检查
3	墙垂直度	20	用经纬仪、吊线和尺量检查

5. 料石基础的质量标准

(1)主控项目

①料石及砂浆强度等级必须符合设计要求。

②料石基础砌体砂浆饱满度不应小于 80%。

③料石基础砌体的轴线位置及垂直度允许偏差应符合表 3-21 的规定。

料石基础砌体的轴线位置及垂直度允许偏差　　表 3-21

项次	项　目	允许偏差(mm)	检查方法
1	轴线位置偏移	15	用经纬仪和尺量检查

(2)一般项目

①料石基础砌体的组砌形式应内外搭砌、上下错缝，拉结石、丁砌石交错设置；毛石墙拉结石每 0.7m^2 墙面不应少于 1 块。

②料石基础砌体的一般尺寸允许偏差应符合表 3-22 的规定。

料石基础砌体的一般尺寸允许偏差　　表 3-22

项次	项　目	允许偏差(mm)	检验方法
1	基础顶面标高	±15	用水准仪和尺量检查
2	砌体厚度	±15	用尺量检查

6. 料石墙砌体的质量标准

(1)主控项目

①料石及砂浆强度等级必须符合设计要求。

②料石墙砌体砂浆饱满度不应小于 80%。

③料石墙砌体的轴线位置及垂直度允许偏差应符合表 3-23 的规定。

料石墙砌体的轴线位置及垂直度允许偏差　　表 3-23

项次	项　目		允许偏差(mm)	检查方法
1	轴线位置偏移		15	用经纬仪和尺量检查
2	垂直度	每层	20	用经纬仪、吊线和尺量检查
		全高	30	用经纬仪、吊线和尺量检查

(2)一般项目

①料石墙砌体的组砌形式应内外搭砌、上下错缝，拉结石、丁砌石交错设置；毛石墙拉结石

每 0.7m^2 墙面不应少于 1 块。

②料石墙砌体的一般尺寸允许偏差应符合表 3-24 的规定。

料石墙砌体的一般尺寸允许偏差　　表 3-24

项次	项目		允许偏差(mm)	检查方法
1	墙体顶和楼面标高		±15	用水平仪和尺量检查
2	表面平整度	清水墙	20	用 2m 靠尺和楔形塞尺检查
		混水墙	20	
3	砌体厚度		+20，-10	用尺量检查
4	清水墙水平灰缝平直度		20	拉 10m 线检查

7. 石材挡土墙砌体工程的质量标准

(1)主控项目

①石材及砂浆强度等级必须符合设计要求。

②砂浆饱满度不应小于 80%。

③石砌体挡土墙的轴线位置及垂直度允许偏差应符合表 3-25 的规定。

石砌体挡土墙的轴线位置及垂直度允许偏差　　表 3-25

项次	项目	允许偏差(mm)	检验方法
1	轴线偏差	20	用水准仪和尺量检查

(2)一般项目

①石砌体挡土墙的组砌形式应内外搭砌、上下错缝,拉结石、丁砌石交错设置;毛石墙拉结石每 0.7m^2 墙面不应少于 1 块。

②石砌体挡土墙的一般尺寸允许偏差应符合表 3-26 的规定。

石砌体挡土墙的一般尺寸允许偏差　　表 3-26

项次	项目	允许偏差(mm)	检验方法
1	挡土墙砌体顶面标高	±25	用水准仪和尺量检查
2	砌体厚度	+30	用尺量检查

8. 资料核查项目

(1)水泥、砌块、石材等主要材料的出场合格证,要求为按批量出场的原件。

(2)水泥、砌块、石材等主要材料进场按批量的见证取样单及复检试验报告单。

(3)砂浆配合比报告单及砂浆试块强度检验报告单。

(4)施工隐蔽记录及分项工程质量检验记录。

(二)引导问题

1. 砌块与石砌体工程的检验批数量如何划分?质量验收的检查方法有哪些?

2. 常用的质量检测工具如何使用?

3. 砌块与石砌体的质量标准的主控项目是什么?

4. 砌块与石砌体的质量标准的一般项目是什么?

5. 检验批如何组织验收?验收程序是哪些?验收资料有哪些?

6. 分项工程的验收如何组织验收?验收程序是哪些?验收资料有哪些?

四、任务实施

1. 对施工前的现场条件进行验收。
2. 检查验收进场材料。
3. 分小组进行实训的交接检验,并填写验收记录(表 3-27 ~ 表 3-29)。

混凝土小型空心砌块砌体工程检验批质量验收记录 表 3-27

单位(子单位)工程名称					
分部(子分部)工程名称				验收部位	
施工单位				项目经理	
分包单位				分包项目经理	
施工执行标准名称及编号					
施工质量验收规范的规定				施工单位检查评定记录	监理(建设)单位验收记录
主控项目	1	小砌块强度等级	设计要求 MU		
	2	砂浆强度等级	设计要求 M		
	3	砌筑留槎	墙体转角处和纵横墙交接处应同时砌筑。临时间断处应砌成斜槎,斜槎水平投影长度不应小于高度的 2/3		
	4	水平灰缝砂浆饱满度	≥90%		
	5	竖向灰缝砂浆饱满度	≥80%		
	6	轴线位移	≤10mm		
	7	垂直度(每层)	≤5mm		
一般项目	1	灰缝厚度宽度	8 ~ 12mm		
	2	基础、墙砌体顶面标高	±15mm 以内		
	3	表面平整度	5mm(清水) 8mm(混水)		
	4	门窗洞口	±5mm 以内		
	5	外墙偏移	20mm		
	6	水平灰缝平直度	7mm(清水) 10mm(混水)		
施工单位检查评定结果	专业工长(施工员)			施工班组长	
	项目专业质量检查员: 年 月 日				
监理(建设)单位验收结论	专业监理工程师: (建设单位项目专业技术负责人): 年 月 日				

毛石砌体工程检验批质量验收记录

表 3-28

<table>
<tr><td colspan="3">单位(子单位)工程名称</td><td colspan="4"></td></tr>
<tr><td colspan="3">分部(子分部)工程名称</td><td colspan="2"></td><td>验收部位</td><td></td></tr>
<tr><td colspan="2">施工单位</td><td colspan="3"></td><td>项目经理</td><td></td></tr>
<tr><td colspan="2">分包单位</td><td colspan="3"></td><td>分包项目经理</td><td></td></tr>
<tr><td colspan="3">施工执行标准名称及编号</td><td colspan="4"></td></tr>
<tr><td colspan="5">施工质量验收规范的规定</td><td>施工单位检查评定记录</td><td>监理(建设)单位验收记录</td></tr>
<tr><td rowspan="6">主控项目</td><td>1</td><td colspan="2">石材强度等级</td><td>设计要求 MU</td><td></td><td rowspan="6"></td></tr>
<tr><td>2</td><td colspan="2">砂浆强度等级</td><td>设计要求 M</td><td></td></tr>
<tr><td>3</td><td colspan="2">砂浆饱满度</td><td>≥80%</td><td></td></tr>
<tr><td rowspan="2">4</td><td rowspan="2">轴线位移</td><td>基础</td><td>20mm</td><td></td></tr>
<tr><td>墙</td><td>15mm</td><td></td></tr>
<tr><td>5</td><td colspan="2">墙面垂直度(每层)</td><td>20mm</td><td></td></tr>
<tr><td rowspan="6">一般项目</td><td rowspan="2">1</td><td rowspan="2">顶面标高</td><td>基础</td><td>±25mm</td><td></td><td rowspan="6"></td></tr>
<tr><td>墙</td><td>±15mm</td><td></td></tr>
<tr><td rowspan="2">2</td><td rowspan="2">砌体厚度</td><td>基础</td><td>+30mm</td><td></td></tr>
<tr><td>墙</td><td>+20mm，-10mm</td><td></td></tr>
<tr><td>3</td><td colspan="2">表面平整度(清水、混水)</td><td>20mm</td><td></td></tr>
<tr><td>4</td><td colspan="2">组砌形式</td><td>内外搭砌，上下错缝，拉结石、丁砌石交错设置；毛石墙拉结石每 0.7m² 墙面不应少于 1 块</td><td></td></tr>
<tr><td colspan="3" rowspan="2">施工单位
检查评定结果</td><td>专业工长(施工员)</td><td></td><td>施工班组长</td><td></td></tr>
<tr><td colspan="4">项目专业质量检查员：　　　　年　　月　　日</td></tr>
<tr><td colspan="3">监理(建设)单位
验收结论</td><td colspan="4">专业监理工程师：
(建设单位项目专业技术负责人)：　　　　年　　月　　日</td></tr>
</table>

料石砌体工程检验批质量验收记录 表 3-29

<table>
<tr><td colspan="3">单位(子单位)工程名称</td><td colspan="4"></td></tr>
<tr><td colspan="3">分部(子分部)工程名称</td><td colspan="2"></td><td>验收部位</td><td></td></tr>
<tr><td colspan="2">施工单位</td><td colspan="3"></td><td>项目经理</td><td></td></tr>
<tr><td colspan="2">分包单位</td><td colspan="3"></td><td>分包项目经理</td><td></td></tr>
<tr><td colspan="3">施工执行标准名称及编号</td><td colspan="4"></td></tr>
<tr><td colspan="5">施工质量验收规范的规定</td><td>施工单位检查评定记录</td><td>监理(建设)单位验收记录</td></tr>
<tr><td rowspan="9">主控项目</td><td>1</td><td colspan="2">石材强度等级</td><td>设计要求 MU</td><td></td><td rowspan="9"></td></tr>
<tr><td>2</td><td colspan="2">砂浆强度等级</td><td>设计要求 M</td><td></td></tr>
<tr><td>3</td><td colspan="2">砂浆饱满度</td><td>≥80%</td><td></td></tr>
<tr><td rowspan="3">4</td><td rowspan="3">轴线位移</td><td>毛料石基础</td><td>20mm</td><td></td></tr>
<tr><td>毛料石墙、粗料石基础</td><td>15mm</td><td></td></tr>
<tr><td>粗、细料石墙、细料石柱</td><td>10mm</td><td></td></tr>
<tr><td rowspan="3">5</td><td rowspan="3">墙面垂直度(每层)</td><td>毛料石砌体</td><td>20mm</td><td></td></tr>
<tr><td>粗料石砌体</td><td>10mm</td><td></td></tr>
<tr><td>细料石砌体</td><td>7mm</td><td></td></tr>
<tr><td rowspan="13">一般项目</td><td rowspan="3">1</td><td rowspan="3">顶面标高</td><td>毛料石基础</td><td>±25mm</td><td></td><td rowspan="13"></td></tr>
<tr><td>毛料石墙、粗料石砌体</td><td>±15mm</td><td></td></tr>
<tr><td>细料石墙、柱</td><td>±10mm</td><td></td></tr>
<tr><td rowspan="4">2</td><td rowspan="4">砌体厚度</td><td>毛料石基础</td><td>+30mm</td><td></td></tr>
<tr><td>毛料石墙</td><td>+20mm,-10mm</td><td></td></tr>
<tr><td>粗料石基础</td><td>+15mm</td><td></td></tr>
<tr><td>粗料石墙、细料石墙柱</td><td>+10mm,-5mm</td><td></td></tr>
<tr><td rowspan="3">3</td><td rowspan="3">表面平整度</td><td>毛料石墙</td><td>20mm
(清水、混水)</td><td></td></tr>
<tr><td>粗料石墙</td><td>10mm(清水)
15mm(混水)</td><td></td></tr>
<tr><td>细料石墙、柱</td><td>5mm(清水)</td><td></td></tr>
<tr><td rowspan="2">4</td><td rowspan="2">灰缝平直度</td><td>粗料石墙</td><td>10mm</td><td></td></tr>
<tr><td>细料石墙、柱</td><td>5mm</td><td></td></tr>
<tr><td>5</td><td>组砌形式</td><td colspan="2">内外搭砌,上下错缝,拉结石、丁砌石交错设置;毛石墙拉结石每 0.7m² 墙面不应少于 1 块</td><td></td></tr>
</table>

五、评价与反馈

1. 学生自我评价

(1)完成此次任务是否顺利？若不顺利，请列出遇到的问题。

(2)分析出现问题的原因，并提出相应的解决方法。

(3)你认为还需加强哪些方面的指导？

2. 学习工作过程评价表

请填写任务评价表(表3-30)。

任务评价表 表 3-30

考 核 项 目	分 数			学生自评（30%）	小组互评（30%）	教师评价（40%）	小计
	差	中	好				
是否具备团队合作精神	1.5	3	5				
是否积极参与活动	1.5	3	5				
工作过程安排是否合理规范	6	12	20				
是否遵守劳动纪律	1.5	3	5				
资料收集是否准确、快捷	1.5	3	5				
应变能力是否强，回答问题是否准确	4.5	9	15				
砌块与石砌体程质量检查操作是否正确、快捷	4.5	9	15				
砌块与石砌体工程检验批自评程序是否符合规范，资料是否齐全	4.5	9	15				
砌块与石砌体工程分项工程自评程序是否符合规范，资料是否齐全	4.5	9	15				
总 计	30	60	100				
教师签字：　　年　月　日 得 分							

学习情境四　填充墙施工

任务单元一　填充墙施工准备

一、任务描述

每组根据本书附录二中某框架结构建筑的填充墙施工图，完成填充墙的施工准备工作，包括根据计算出的填充墙工程量来确定所需材料和机具的需求计划填写相关表格；完成作业条件的检查验收、材料的进场检验并填写相关验收记录表。

二、学习目标

通过本任务的学习，你应当能：

1. 根据工程图纸及相关资料准确计算填充墙工程量；
2. 根据工程量计算所需材料、机具和劳动力的需求计划；
3. 对填充墙所需材料进行进场验收并填写建筑材料报审表。

三、学习准备

（一）基本概念

墙体按照结构受力情况不同可分为承重墙和非承重墙。填充墙砌体是指在结构中起围护和分隔作用的非承重墙体，不传递上部荷载，一般用于框架结构的外墙及隔墙。采用烧结实心砖和多孔砖砌筑的砖砌体用于承重结构的比较多，作为填充墙时一般用在电梯井、卫生间等处。所以填充墙砌体大多采用小型空心砌块、空心砖、轻集料小型砌块、加气混凝土砌块及其他工业废料掺水泥加工而成的砌块等。一般要求有一定的强度，轻质，隔声隔热等效果。

砌块是一种新型墙体材料，可以充分利用地方资源和工业废渣，并可节省黏土资源和改善环境。具有生产工艺简单，原料来源广，适应性强，制作及使用方便，可改善墙体功能等特点，因此发展较快。砌块按形状分为实心砌块和空心砌块，外形多为直角六面体，也有各种异形的。砌块系列中主规格的长度、宽度或高度有一项或一项以上分别大于365mm、240mm或115mm。但高度不大于长度或宽度的六倍，长度不超过高度的三倍。按规格可分为小型砌块，高度为115～380mm；中型砌块，高度为380～980mm。常用的有混凝土小型空心砌块、蒸压加气混凝土砌块、粉煤灰混凝土小型空心砌块。

1. 烧结空心砖

烧结空心砖是以黏土、页岩、煤矸石、粉煤灰为主要原料，经焙烧而成，孔洞率等于或大于40%，孔的尺寸大而数量少的砖。其执行标准为《烧结空心砖和空心砌块》（GB 13545—2003）。

2. 混凝土小型空心砌块

混凝土小型空心砌块包括普通和轻集料两种。

(1)普通混凝土小型空心砌块

普通混凝土小型空心砌块是用水泥作为胶结料,砂、石作为集料,经搅拌、振动(压制)成型、养护等工艺过程制成的普通混凝土小型空心砌块。其执行标准为《普通混凝土小型空心砌块》(GB 8239—1997)。

(2)轻集料混凝土小型空心砌块(图 4-1)

轻集料混凝土小型空心砌块是以水泥为胶凝材料,炉渣等工业废渣为轻集料加水搅拌,振动成型,经养护而成的具有较大空心率的砌体材料,也称轻集料混凝土小型空心砌块。轻集料混凝土砌块常用品种有煤矸石混凝土空心砌块、煤渣混凝土空心砌块、浮石混凝土空心砌块及各种陶粒混凝土空心砌块等。其执行标准为《轻集料混凝土小型空心砌块》(GB/T 15229—2002)。

图 4-1　混凝土小型空心砌块

3. 蒸压加气混凝土砌块

蒸压加气混凝土砌块是在钙质材料(如水泥、石灰)和硅质材料(如砂子、粉煤灰、矿渣)的配料中加入铝粉作为加气剂,经加水搅拌、浇筑成型、发气膨胀、预养切割,再经高压蒸汽养护而成的多孔硅酸盐砌块。其执行标准为《蒸压加气混凝土砌块》(GB 11968—2006)。按养护方法分为蒸养加气混凝土砌块和蒸压加气混凝土砌块两种(图 4-2)。

4. 粉煤灰混凝土小型空心砌块

粉煤灰混凝土小型空心砌块是以粉煤灰、水泥、各种轻重集料、水为主要组分(也可加入外加剂等)制成的混凝土小型空心砌块,其中粉煤灰用量不应低于原材料质量的20%,水泥用量不应低于原材料质量的10%。粉煤灰小型空心砌块的执行标准为《粉煤灰混凝土小型空心砌块》(JC/T 862—2008)。

图 4-2　蒸压加气混凝土砌块

(二)知识要点

1. 空心砖和砌块的技术性质

(1)空心砖的技术性质

产品的规格:砖的外形为直角六面体,其长度、宽度、高度尺寸应符合下列要求,单位为毫米(mm):390,290,240,190,180(175),140,115,90。其他规格尺寸由供需双方协商确定。

主要技术指标:强度等级、密度等级、尺寸偏差、外观质量、孔洞排列及其结构、泛霜、石灰爆裂、吸水率、抗风化性能和放射性物质。

抗压强度分为:MU10.0、MU7.5、MU5.0、MU3.5、MU2.5 五个等级。

体积密度分为:800、900、1 000、1 100 四个等级。

强度、密度、抗风化性能和放射性物质合格的砖根据尺寸偏差、外观质量、孔洞排列及其结构、泛霜、石灰爆裂、吸水率分为优等品(A)、一等品(B)和合格品(C)三个质量等级。

(2)混凝土小型空心砌块的技术性质

①普通混凝土小型空心砌块。

产品的规格、强度等级、质量分级参见学习情境三。

产品特点:普通混凝土小型空心砌块具有外观整齐,偏差小,质量轻,抗压强度高,强度等级范围大,耐久性好,具有一定的保温、隔声、防火性能等特点。

②轻集料混凝土小型空心砌块。

轻集料混凝土小型空心砌块的规格、排孔分类密度等级、强度等级、质量等级等参见学习情境三。

产品特点:具有自重轻、施工方便、砌筑效率高等优点。

(3)蒸压加气混凝土砌块的技术性质

加气混凝土砌块一般规格有两个系列。

A 系列:长度为 600mm;宽度有 75mm、100mm、125mm、150mm、175mm、200mm、225mm…(以 25mm 递增);高度有 200mm、250mm、300mm。

B 系列: 长度为 600mm;宽度有 60mm、120mm、180mm、240mm…(以 60mm 递增);高度有 240mm、300mm。

砌块按强度和干密度分级,强度级别有:A1. 0、A2. 0、A2. 5、A3. 5、A5. 0、A7. 5、A10. 0(注:1. 0 表示 1. 0MPa,余同)七个级别;干密度级别有:B03、B04、B05、B06、B07、B08(注:03 表示 300kg/m^3,余同)六个级别。

砌块根据尺寸偏差与外观质量、体积密度和抗压强度分为:优等品(A)、一等品(B)及合格品(C)三个等级。

蒸压加气混凝土砌块具有质量轻、保温、隔热、隔声、防火、防震、耐久性强等优越性能。蒸压加气混凝土砌块适用于框架及高层建筑的填充墙;非承重间隔墙;节能建筑外围护墙复合保温层;屋面保温层等。该产品因质量轻,可减少建筑物自重,从而降低建筑物基础建造时所用钢筋、水泥等材料数量及造价。

(4)粉煤灰混凝土小型空心砌块

粉煤灰小型空心砌块的规格:按孔的排数分为单排孔、双排孔、多排孔三类,主规格尺寸为 390mm × 190mm × 190mm,其他规格尺寸可由供需双方商定。

按砌块密度等级分为:600、700、800、900、1 000、1 200 和 1 400 七个等级。

按强度等级分为: MU3. 5、MU5、MU7. 5、MU10、MU15、 MU20 六个等级。

粉煤灰小型空心砌块承重墙体,根据建筑需要,可分别采用强度等级 MU5 ~ MU20 的产品。用于非承重墙体时,根据建筑需要,适宜采用强度等级为 3. 5MU ~ 5MU 的产品。粉煤灰轻集料小型空心砌块具有重度轻、强度高、导热系数小、隔声等优点。

2. 材料的准备工作

(1)蒸压加气混凝土砌块、轻骨料混凝土小型空心砌块砌筑时,其产品龄期应超过 28d。

加气混凝土砌块、轻骨料混凝土小砌块为水泥胶凝增强的块材,以 28d 强度为标准设计强度,且龄期达到 28d 之前,自身收缩较快。为了有效控制砌体收缩裂缝和保证砌体强度,对砌筑时的龄期进行了规定。

(2)普通混凝土小砌块吸水率很小,砌筑前无需浇水,当天气干燥炎热时,可提前洒水湿润;轻骨料混凝土小砌块吸水率较大,应提前 2d 浇水湿润;加气混凝土砌块砌筑时,应向砌筑面适量浇水,但含水率不宜过大,以免砌块孔隙中含水过多,影响砌体质量。块材砌筑前浇水润湿是为了使其与砌筑有较好的黏结。根据空心砖、轻骨料混凝土小砌块的吸水、失水特性合适的含水率分别为：空心砖宜为10% ~15%；轻骨料混凝土小砌块宜为5% ~8%；加气混凝土砌块出釜时的含水率为35%左右，以后砌块逐渐干燥，施工时的含水率宜控制在小于15%（粉煤灰加气混凝土砌块的含水率宜小于20%）。加气混凝土砌块砌筑时，在砌筑面适量浇水是为了保证砌筑砂浆的强度及砌体的整体性。

(3)砌筑砂浆应通过试配确定配合比。当其组成材料有变更时其配合比应重新确定。

(4)凡在砂浆中掺入有机塑化剂、早强剂、缓凝剂、防冻剂等外加剂时，应经检验和试配符合要求后方可使用。有机塑化剂应有砌体强度的形式检验报告。

(5)钢筋的级别、直径应符合设计要求。钢筋的材质应有出厂合格证和质量证明单及复试报告。

3. 机具准备

请参照前三个学习情境中的相关内容，此处不再赘述。

4. 技术准备

(1)砌筑前，应认真熟悉图纸，核实门窗洞口位置及洞口尺寸，明确预埋、预留位置，算出窗台及过梁顶部标高，熟悉相关构造及材料要求。

(2)填充墙砌筑前，应根据建筑物的平面、立面图绘制砌块排列图。

(3)根据设计图纸及规范要求，确定填充墙体构造柱位置及墙梁标高尺寸。

(4)已审核完建筑施工图纸，并确保填充墙、门窗洞口的位置、轴线尺寸准确无误，确保圈梁、过梁的标高正确。

(5)使用经过校验合格的监视和测量工具。

(6)施工前，工程技术人员应结合设计图纸及实际情况，编制出专项施工技术交底和作业指导书等技术性文件。

(7)制订该分项工程质量目标、检察验收制度等保证工程质量的措施。

(8)由实验室出具完整的砌筑砂浆配合比试验报告。

5. 施工作业条件

(1)填充墙施工前，承重结构已施工完毕，并经过隐蔽验收。

(2)砌筑前，将楼、地面基层水泥浮浆及施工垃圾清理干净。

(3)轴线、墙身线、门窗洞口线等已弹出并经过技术核验。

(4)根据标高控制线及窗台、窗顶标高，预排出砖砌块的皮数线，皮数线可画在框架柱上，并标明拉结筋、圈梁、过梁、墙梁的尺寸、标高，皮数线经技术质检部门复核，办理相关手续。

(5)根据最下面第一皮砖的标高，拉通线检查，如水平灰缝厚度超过20mm，先用C15以上细石混凝土找平。严禁用砂浆或砂浆包碎砖找平，更不允许采用两侧砌砖，中间填芯找平。

(6)填充墙拉结钢筋已按要求预埋，并经过隐蔽验收。

(7)构造柱钢筋绑扎，隐检验收完毕。

(8)砌筑砂浆配合比经有资质的试验部门试配确定，有书面配合比试配单。在施工现场根据砌体方量准备好取样砂浆试模。

(9)做好水电管线的预留、预埋工作。

(10)“三宝”（安全帽、安全带、安全网）配备齐全，“四口”（通道口、预留口、电梯井口、楼梯口）和临边做好防护。

(11)框架外墙施工时,外防护脚手架应随着楼层搭设完毕,墙体距外架间的间隙应水平防护,防止高空坠物。内墙已准备好工具式脚手架。

6. 材料验收

(1)砌筑砂浆使用的原材料检验、抽样等要求和砌筑砂浆的性能及质量要求参见学习情境一。

(2)空心砖和砌块的进场验收。

①填充墙用的空心砖、蒸压加气混凝土砌块、轻骨料混凝土小型空心砌块等的品种、规格、强度等级必须符合设计要求,规格一致。进场时,现场应对其外观质量和尺寸进行检查,同时检查其合格证书、产品性能检测报告。

②空心砖和砌块检验内容:包括外观质量、尺寸偏差、强度检验,密度、抗冻性检验;轻骨料混凝土小型空心砌块、蒸压加气混凝土砌块、烧结空心砖和空心砌块应进行密度检验;此外,轻骨料混凝土小型空心砌块还应进行吸水率及相对含水率检验;粉煤灰小型空心砌块还应进行碳化系数检验。

③抽样规则:每一生产厂家的砖到现场后,按烧结空心砖和空心砌块 3 万块,蒸压灰砂空心砖 10 万块,轻骨料混凝土小型空心砌块、蒸压加气混凝土砌块和粉煤灰小型空心砌块 1 万块各为一验收批。

④取样数量:

a. 尺寸偏差和外观质量检验的试样采用随机抽样法,在每一检验批的产品堆垛中抽取。

b. 其他检验项目的样品用随机抽样法从尺寸偏差和外观质量检验后合格的样品中抽取。

c. 抽样数量按表 4-1 执行。

⑤保管要求:按照设计选用的规格组织空心砖、砌块进场,运到现场的空心砖、砌块,装卸时,严禁倾卸丢掷,应分规格分等级整齐堆放,堆垛上应设标志,堆放现场必须平整,并做好排水。小砌块堆放时,注意堆放高度不宜超过 1.6m,堆垛之间应保持适当的通道。蒸气加压混凝土砌块、粉煤灰小型空心砌块堆放时要有防雨措施。

抽 样 数 量 表 4-1

序号	检验项目	抽样数量(块)				
		轻集料混凝土小型空心砌块	蒸压加气混凝土砌块	蒸压灰砂空心砖	粉煤灰小型空心砌块	烧结空心砖和空心砌块
1	外观质量、尺寸偏差	32	50	50	32	100
2	强度等级	5	9	10	5	10
3	表观密度	3	9	—	—	10
4	吸水率及相对含水率	5	—	—	—	—
5	碳化系数	—	—	—	7	—

(三)引导问题

请收集相关资料,回答以下问题:

1. 填充墙使用哪些材料?这些材料有什么特点?

2. 填充墙所用材料的质量要求是什么?

3. 填充墙施工前的作业条件有哪些?

4. 如何做好填充墙施工前的技术准备？

四、任务实施

1. 熟悉图纸。
2. 根据图纸计算填充墙的工程量。
3. 根据劳动定额、机械定额和前面计算出的工程量，并结合实际情况确定所需材料、机具和劳动力的需求计划填写表 1-4 ~ 表 1-6 。
4. 对施工前的现场条件进行验收。
5. 检查验收进场材料，填写建筑材料报审表 1-7。

五、评价与反馈

1. 学生自我评价

(1) 完成此次任务过程中存在的主要问题有哪些？

(2) 分析出现问题的原因，并提出相应的解决办法。

(3) 你认为还需加强哪些方面的指导？

2. 学习工作过程评价表

请填写任务评价表(表 4-2)。

任务评价表　　表 4-2

考核项目	分数			学生自评（30%）	小组互评（30%）	教师评价（40%）	小计
	差	中	好				
是否具备团队合作精神	1.5	3	5				
是否积极参与活动	1.5	3	5				
工作过程安排是否合理规范	6	12	20				
是否遵守劳动纪律	1.5	3	5				
资料收集是否准确、快捷	1.5	3	5				
应变能力是否强，回答问题是否准确	4.5	9	15				
填充墙工程量计算是否准确	4.5	9	15				
填充墙工程人材机计划是否合理	4.5	9	15				
填充墙材料进场检查资料是否齐全	4.5	9	15				
总　计	30	60	100				
教师签字：				年　月　日		得　分	

任务单元二　填充墙施工管理

一、任务描述

将附录二中某框架结构建筑的填充墙施工图中的填充墙按照小组数分成几段，各小组在实训基地砌筑一段填充墙。并结合前一任务单元完成的准备工作，编制填充墙工程施工方案。

二、学习目标

通过本任务的学习，你应当能：

1. 熟悉填充墙的砌筑方法和组砌形式；
2. 熟悉填充墙一般的结构构造要求；
3. 掌握填充墙工程施工的工艺流程；
4. 掌握填充墙工程施工的施工要点；
5. 熟悉填充墙工程施工的施工安全环境防护措施；
6. 编制填充墙工程施工方案。

三、学习准备

（一）基本概念

填充墙的施工除应满足一般砖砌体和各类砌块等相应技术、质量、工艺标准外，主要应解决填充墙构造要求方面的问题。

1. 填充墙与结构的连接问题

（1）墙两端与结构

填充墙与承重墙或柱交接处，应按设计要求设置拉结筋，设计无要求时，应沿墙高每隔 h 设置 2ϕ6 钢筋与承重墙或柱拉结，如图 4-3 所示。钢筋竖向间距 h 及 a 值见表 4-3。拉结筋伸入墙内长度 L：非抗震为 500mm，6、7 度设防为墙长的 1/5 且≥700mm，8、9 度设防沿墙全长贯通。框架预埋筋应调直，端部弯钩为 90°，砌入墙内并将拉结筋弯钩压入竖向灰缝内。

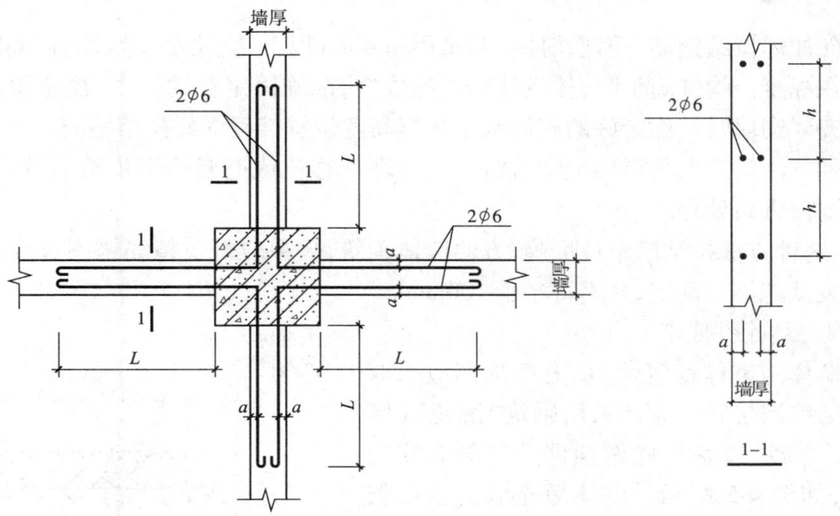

图 4-3　填充墙与框架柱拉结做法

钢筋竖向间距 *h* 及 *a* 值　　表 4-3

	砖类				小砌块		
墙厚(mm)	120	180	190	240	90	140	190
a(mm)	30	40	50	60	20	20	20
钢筋竖向间距 h(mm)	500				400		

设置拉结筋的方法有预留拉结筋法、预埋铁件加焊拉结钢筋法和植筋法，如图 4-4 所示。

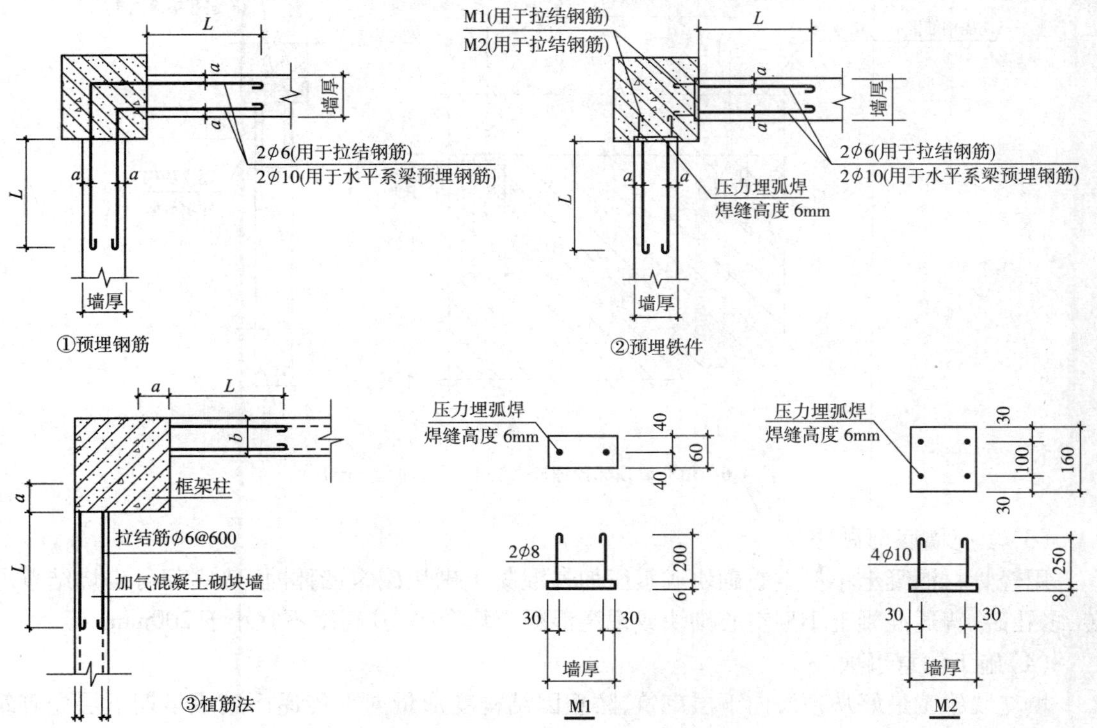

图 4-4　填充墙拉结筋做法(尺寸单位:mm)

预留拉结筋法：在混凝土构件施工时直接将拉结筋按设计要求的位置，准确固定在构件中。

预埋铁件加焊拉结钢筋：预埋铁件一般采用厚4mm以上，宽略小于墙厚，高60mm的钢板制作而成。在混凝土构件施工时，按设计要求的位置，准确固定在构件中，注意预留位置和砌块灰缝应对齐。砌墙时按确定好的砌体水平灰缝高度位置准确焊好拉结钢筋。

以上两种方法的缺点是混凝土浇筑施工时预埋件移位或遗漏给下步施工带来麻烦，如遇到设计变更则需重新处理。

植筋法：这种方法拉结筋定位准确，方便墙体砌筑，效果较好。植筋锚固长度 a 根据胶的黏结力由抗拔试验结果确定，并不得小于100mm。

(2)墙顶与结构件底部

为保证墙体的整体稳定性，填充墙顶部应采取相应的措施与结构挤紧。通常采用砌筑"滚砖"（倾斜度为60°实心砖）或在梁底做预埋铁件等方式与填充墙连接，如图4-5所示。砌体填充墙的墙段长度大于5m时，墙顶应与梁底或板底拉结，可以采用在梁底预埋铁件的做法来使填充墙与结构拉结牢固，如图4-6～图4-9所示。不论采用哪种连接方式，都应分两次完成一片墙体的施工，其中间间隔5～7d。这是为了让砌体砂浆有一个完成压缩变形的时间，保证墙顶与构件连接的效果。

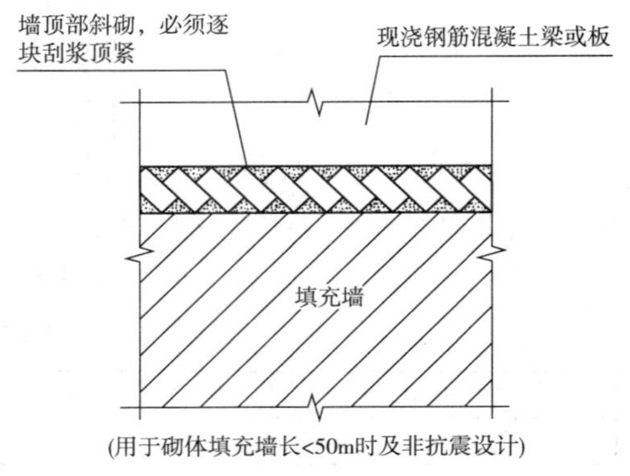

图4-5　填充墙顶部滚砖做法

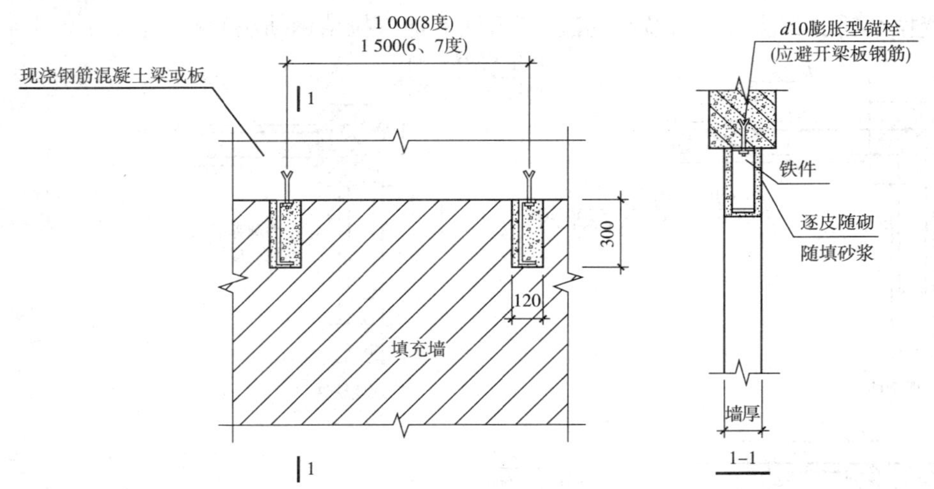

图4-6　填充墙顶部预埋件做法1（尺寸单位：mm）

(3)填充墙底部做法

用轻骨料混凝土小型空心砌块或蒸压加气混凝土砌块砌筑墙体时，墙底部可砌烧结普通砖、多孔砖、普通混凝土小型空心砌块或现浇混凝土坎台等，其高度不宜小于200mm。

(4)施工注意事项

填充墙施工最好从顶层向下层砌筑，防止因结构变形量向下传递而造成早期下层先砌筑的墙体产生裂缝。特别是空心砌块，此裂缝的发生往往是在工程主体完成3～5个月后，通过墙面抹灰在跨中产生竖向裂缝得以暴露。因而质量问题的滞后性给后期处理带来了困难。

如果工期太紧，填充墙施工必须由底层逐步向顶层进行时，则墙顶的连接处理需待全部砌体完成后，从上层向下层施工，此目的是给每一层结构一个完成变形的时间和空间。

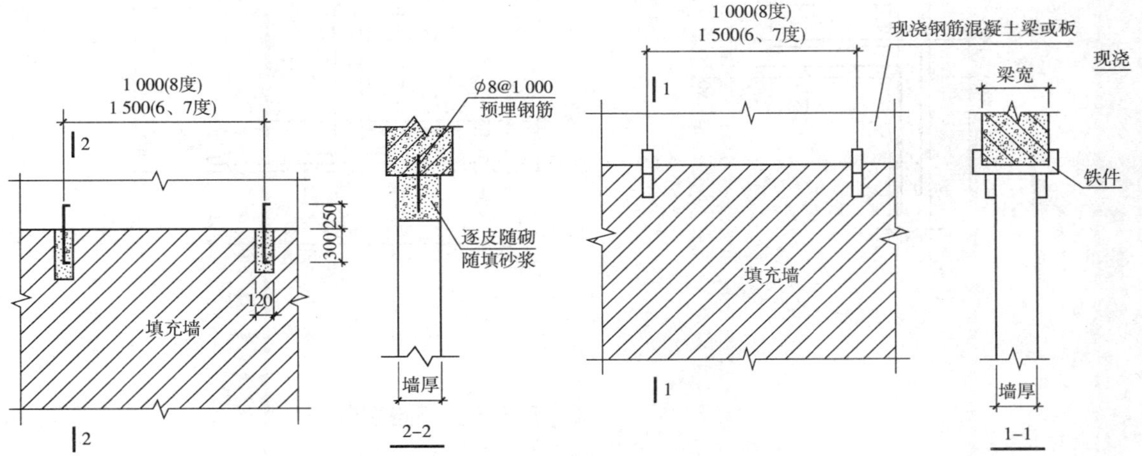

图 4-7　填充墙顶部预埋件做法 2（尺寸单位：mm）

图 4-8　填充墙顶部预埋件做法 3（尺寸单位：mm）

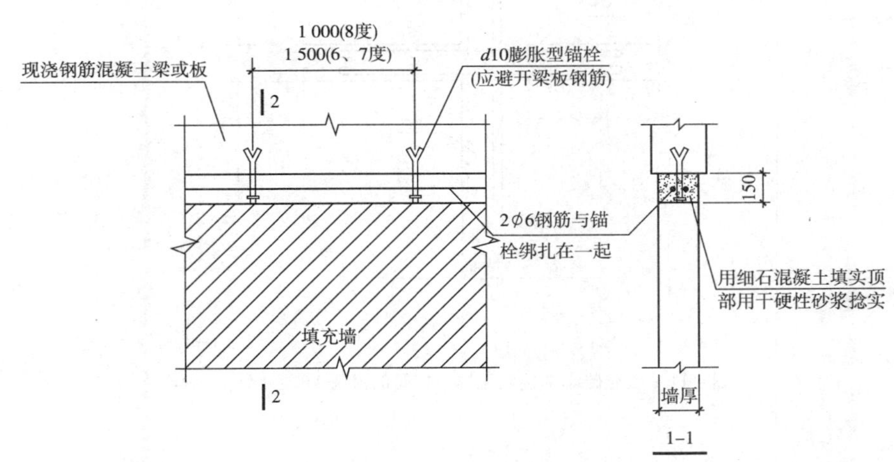

图 4-9　填充墙顶部预埋件做法 4（尺寸单位：mm）

2. 门窗的连接问题

由于空心砌块与门窗框直接连接不易达到要求，特别是门窗较大时，施工中通常采用在洞口两侧做混凝土构造柱、预埋混凝土预制块及镶实心砖（240mm 厚）的方法。空心砌块在窗台顶面应做成混凝土压顶，以保证门窗框与砌体的可靠连接。

3. 墙体交接处构造

纵横墙的砌块相互搭砌，隔皮砌块露端面，如图 4-10 所示。填充砖墙交接处无构造柱时的做法如图 4-11、图 4-12 所示，其钢筋竖向间距 h 及 a 值见表 4-3。填充小砌块墙体交接处可采用

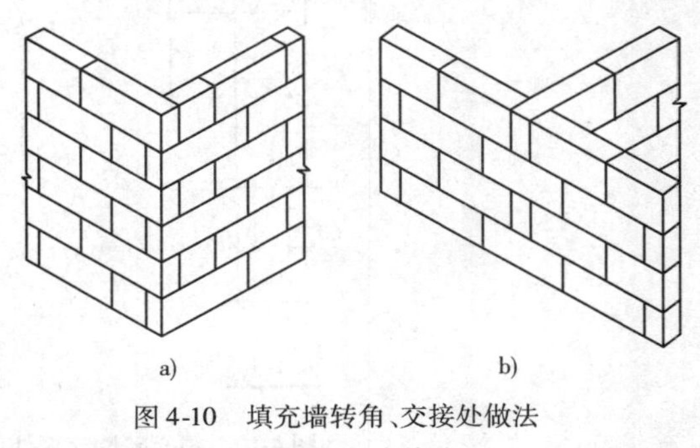

a)　　b)

图 4-10　填充墙转角、交接处做法
a）转角外；b）交接处

钢筋网片拉结做法，如图4-13、图4-14所示。

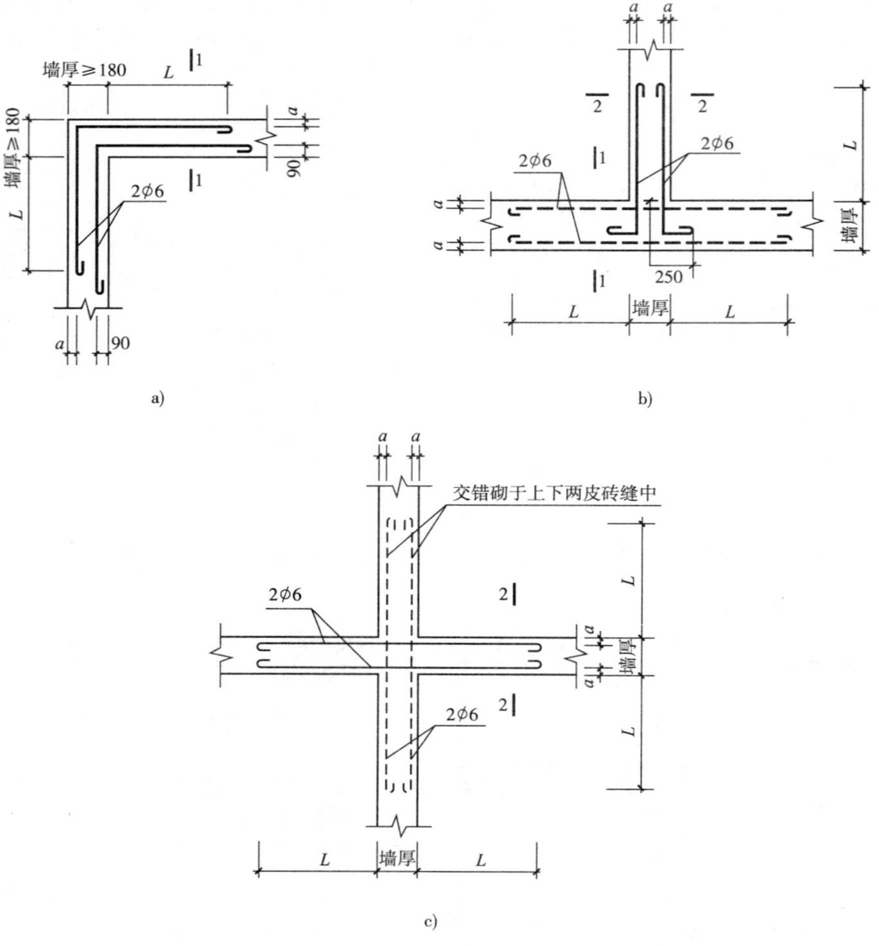

图4-11 填充砖墙交接处无构造柱时的做法1(尺寸单位:mm)

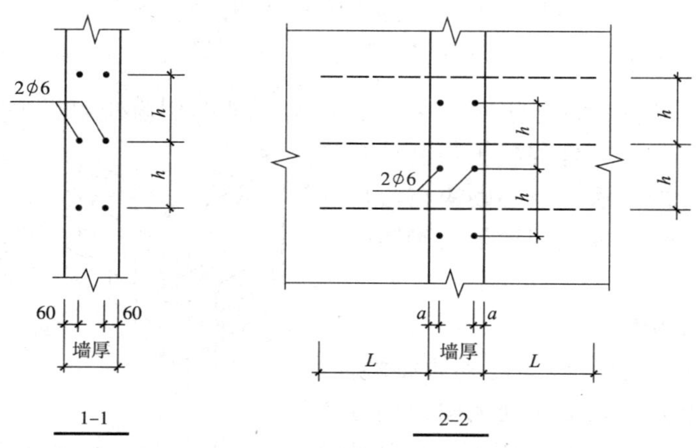

图4-12 填充砖墙交接处无构造柱时的做法2(尺寸单位:mm)

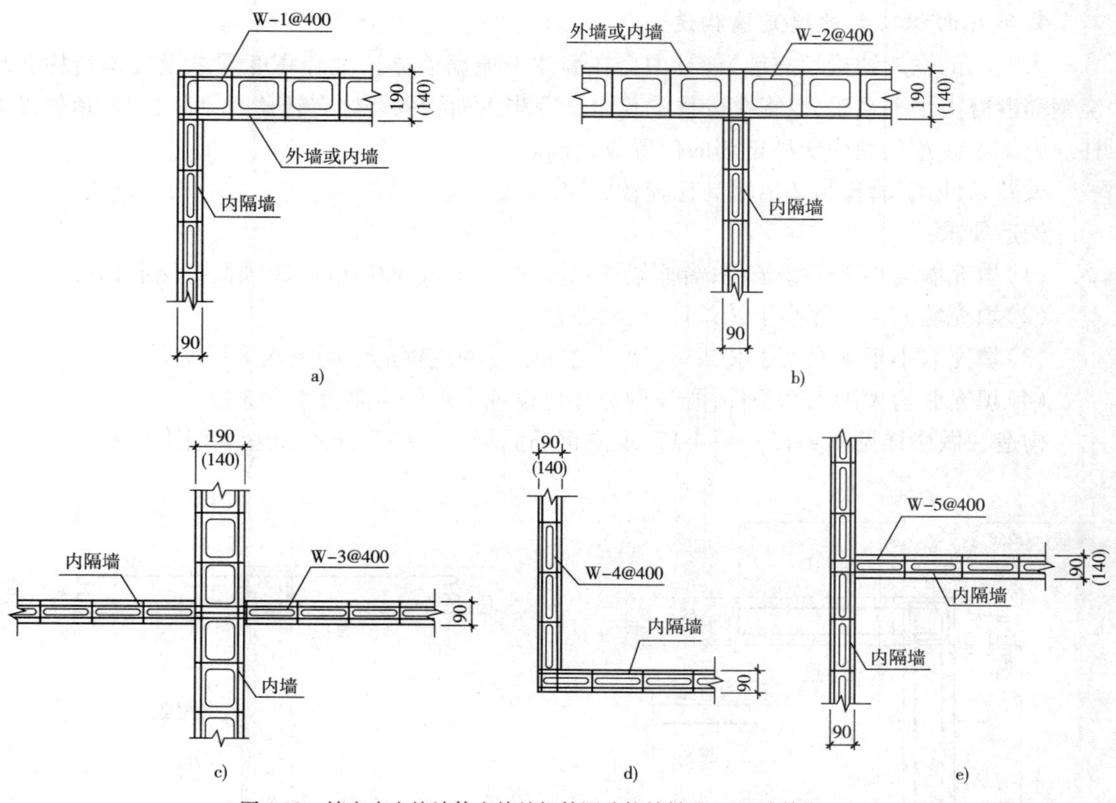

图 4-13　填充小砌块墙体交接处钢筋网片拉结做法 1(尺寸单位:mm)

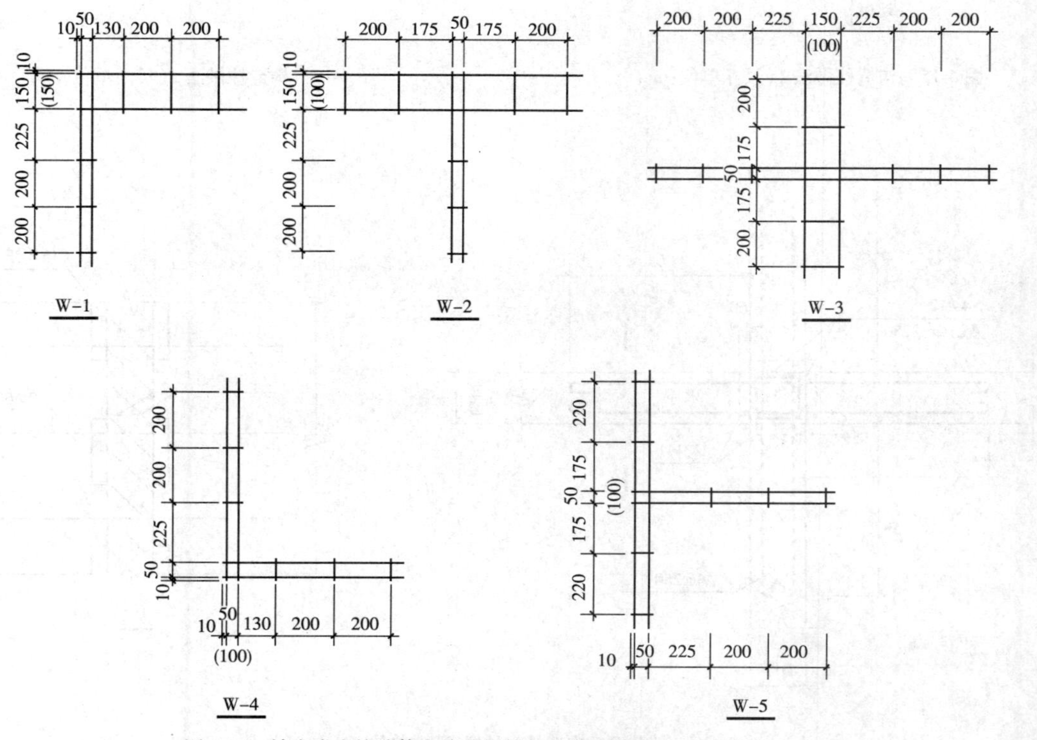

图 4-14　填充小砌块墙体交接处钢筋网片拉结做法 2(尺寸单位:mm)

4. 单片面积较大的填充墙构造

大空间的框架结构填充墙，设计中会在墙体中根据墙体长度和高度需求设置构造柱和现浇钢筋混凝土水平系梁，以提高砌体的稳定性。当大面积的墙体有转角时，可以在转角处设芯柱。施工中注意预埋构造柱钢筋的位置应正确。

设置条件：①墙长与 2 倍墙高比较；②墙高 4m。

构造要求：

(1)填充墙均小于①②条件，沿框架柱每隔 400mm 或 500mm 间距预留拉结筋即可。

(2)填充墙大于①而小于②条件，设构造柱。

(3)填充墙小于①而大于②条件，墙高之间设置现浇钢筋混凝土水平系梁。

(4)填充墙均大于①②条件，既设构造柱也设现浇钢筋混凝土水平系梁。

构造柱做法详见图 4-15 ~ 图 4-17，现浇钢筋混凝土水平系梁的做法详见图 4-18。

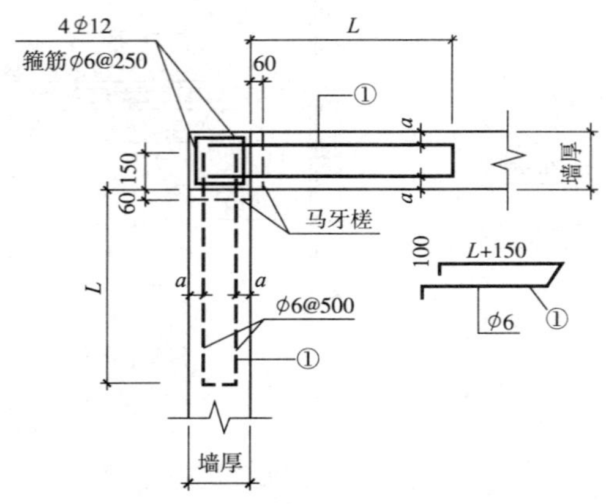

图 4-15　构造柱做法 1(尺寸单位:mm)

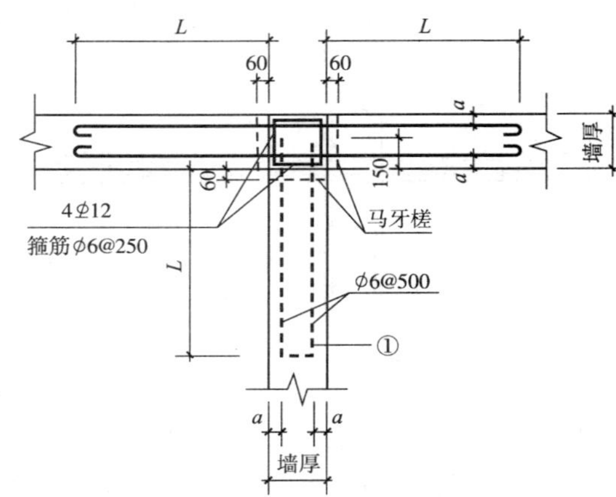

图 4-16　构造柱做法 2(尺寸单位:mm)

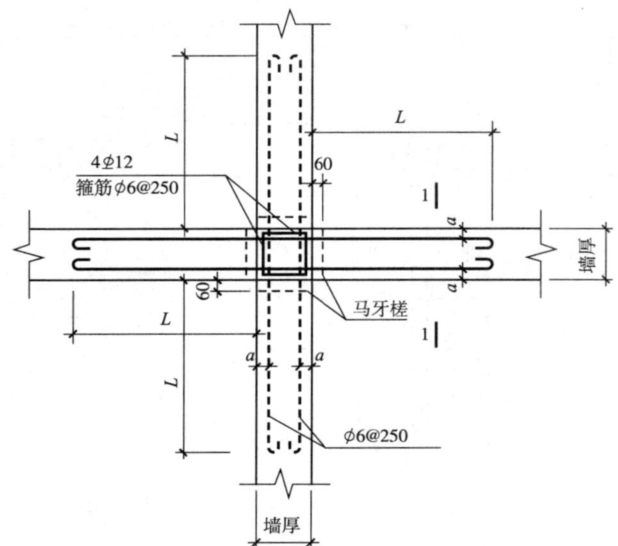

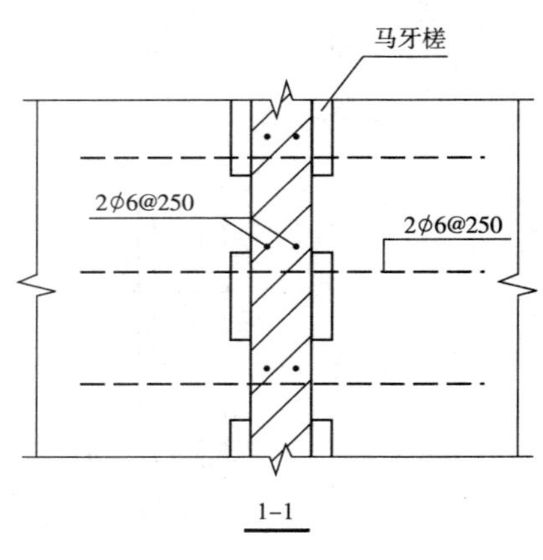

图 4-17　构造柱做法 3(尺寸单位:mm)

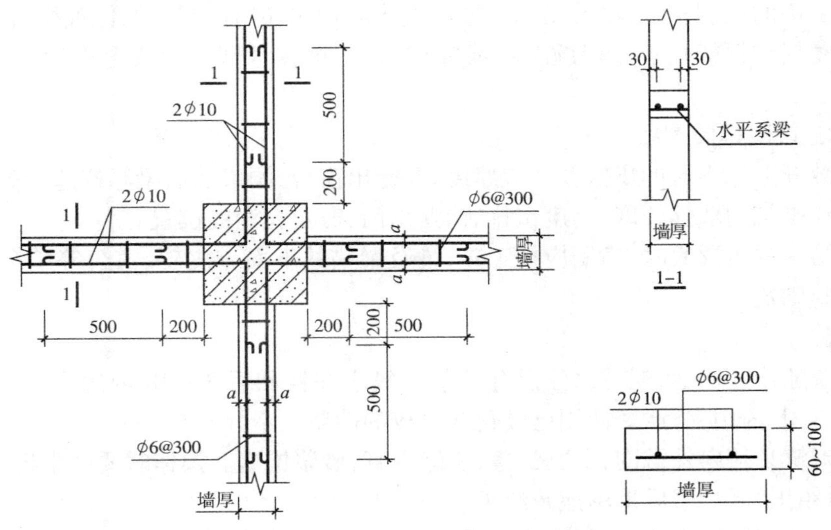

图 4-18 钢筋混凝土水平系梁做法(尺寸单位:mm)

(二)知识要点

1. 施工工艺流程

填充墙砌体施工工艺流程见图 4-19。

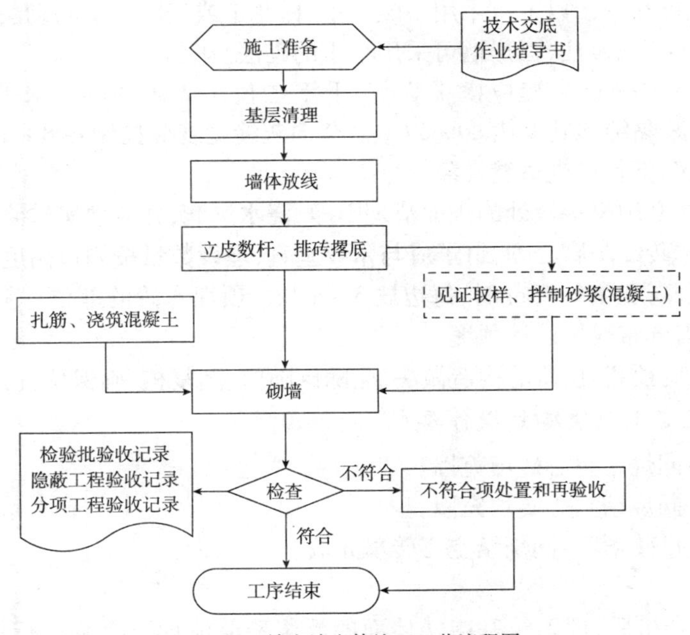

图 4-19 填充墙砌体施工工艺流程图

2. 烧结空心砖填充墙砌筑操作要求

(1)基层清理

在砌筑砖体前应对墙基层进行清理,将楼层上的浮浆、灰尘清扫冲洗干净,并浇水使基层湿润。

(2)墙体放线

根据楼层中的控制轴线，测放出每一楼层墙体的轴线和门窗洞口的位置线，将窗台和窗顶的位置标高线标在框架柱上。待施工放线完成后，上报技术部门验收合格后，方可进行墙体砌筑。

(3)立皮数杆、排砖撂底

①在皮数杆上标出砖的皮数及灰缝厚度，并标出窗台、洞口及墙梁等构造标高。

②根据要砌筑的墙体长度、高度试排砖，摆出门、窗及孔洞的位置。

③外墙第一皮砖撂底时，横墙应排丁砖，梁及梁垫的下面一皮砖、窗台等阶台水平面上一皮砖应用丁砖砌筑。

(4)砌墙

①砂浆应随拌随用，水泥或水泥混合砂浆一般应在拌和后 3 ~ 4h 内用完；气温在 30℃以上时，应在 2 ~ 3h 内用完，严禁使用已硬化或过夜的砂浆。

②砖体砌筑必须内外搭砌，上下错缝，灰缝平直，砂浆饱满。操作时要经常进行自检，如有偏差，应随时纠正，严禁事后采用撞砖纠正。

③墙砌体采用铺浆砌筑法时，应在铺浆后，立即砌筑，铺浆长度不得超过 750mm；施工期间气温超过 30℃时，铺浆长度不得超过 500mm。

④挂线：砌筑一砖厚以下混水墙时，宜采用单面外手挂线，可照顾砖墙两面平整。如果长墙几个人同时砌筑共用一根通线，中间应设支线点，挂线要拉紧，每层砖都要穿线看平，使水平缝均匀一致，平直通顺。

⑤空心砖墙厚度在一砖以上可采用一顺一丁、梅花丁或三顺一丁的砌法。砖墙厚度为3/4砖时，可采用两平一侧的砌法，弧形墙可采用全丁的砌法。

⑥砖缝宽度：墙体砌筑灰缝应横平竖直、上下错位 1/2 砖搭砌。水平灰缝厚度为 8 ~ 12mm，确保灰缝砂浆黏结饱满度达 80% 以上。竖向灰缝宽度应控制在 8 ~ 12mm，在水平铺灰时，竖缝要填灰堵实，不得产生透缝现象。

⑦砌体接槎时，必须将接槎处的表面清理干净，浇水湿润，并应填实砂浆，保持灰缝平直。

⑧木砖预埋：木砖经防腐处理，钉子应与木纹垂直，埋设数量按洞口高度确定；洞口高度≤2m 时，每边放 2 块，高度在 2 ~ 3m 时，每边放 3 ~ 4 块。预埋木砖的部位一般在洞口上下四皮砖处开始，中间均匀分布或按设计预埋。

⑨设计墙体上应预埋、预留的构造做法，应随砌随留、随复核，确保位置正确合理。

3. 蒸压加气混凝土砌块砌筑操作要求

(1)基层清理：同烧结空心砖填充墙。

(2)墙体放线：同烧结空心砖填充墙。

(3)立皮数杆、排砖撂底：同烧结空心砖填充墙。

(4)砌墙：

①结构经验收合格后，把砌筑基层楼地面的浮浆残渣清理干净并进行弹线，填充墙的边线、门窗洞口位置线应准确，偏差控制在规范允许的范围内。皮数杆应立在填充墙的两端或转角处，并拉通线。

②砌块砌筑时，墙底部应砌 200mm 高的烧结普通砖、多孔砖或混凝土空心砌块，或浇筑 200mm 高同墙厚的混凝土，混凝土强度等级宜为 C20。

③砌筑时应预先试排砌块，并优先使用整体砌块。需断开砌块时，应使用手锯、切割机等工具锯裁整齐，并保护好砌块的棱角，锯裁砌块的长度不应小于总长度的 1/3。长度小于等于

150mm 的砌块不得上墙。砌筑最底层砌块时，当灰缝厚度大于 20mm 时应使用细石混凝土铺密实，上下皮灰缝应错开搭砌，搭砌长度不应小于砌块总长的 1/3。当搭砌长度小于 90mm 时，即形成通缝，竖向通缝不应大于 2 皮砌块，否则应配 $\phi4$ 的钢筋网片或 $2\phi6$ 的钢筋，长度宜为 700mm。

④砌块墙的转角处，应隔皮纵、横墙砌块相互搭砌。砌块墙的丁字交接处，应使横墙砌块隔皮端面露头。

⑤蒸压加气混凝土砌体的竖向灰缝宽度和水平灰缝厚度宜分别为 20mm 和 15mm。灰缝应横平竖直、砂浆饱满，正、反手墙面均宜进行勾缝。砂浆的饱满度不得小于 80%。竖向灰缝应采用临时内外夹板夹紧后灌缝。

⑥蒸压加气混凝土砌体填充墙与承重结构或构造柱连接的部位，应按设计要求预埋拉结筋。

⑦有抗震要求的砌体填充墙按设计要求应设置构造柱、圈梁，构造柱的宽度由设计确定，厚度一般与墙等厚，圈梁宽度与墙等宽，高度不应小于 120mm。圈梁、构造柱的插筋宜优先预埋在结构混凝土构件中或后植筋，预留长度符合设计要求。当设计无要求时，构造柱应设置在填充墙的转角处、T 形交接处或端部；当墙长大于 5m 时，应间隔设置。其构造柱做法如图4-20所示。圈梁宜设在填充墙高度中部。

⑧蒸压加气混凝土砌块填充墙砌体与后塞口门窗的连接：应按设计要求，当设计无要求时后塞口门窗与砌体间通过木砖与门窗框连接，具体可用 100mm 长的铁钉把门框与木砖钉牢。预埋木砖时，木砖应经过防腐处理，埋到预制混凝土块中，随加气混凝土块一起砌筑，预制混凝土块大小应符合砌体模数。

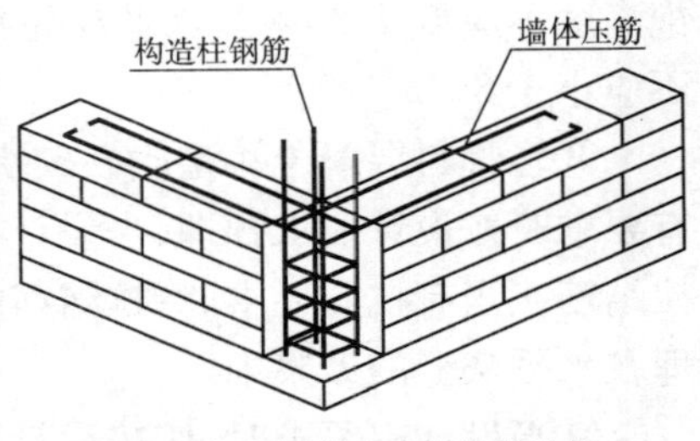

图 4-20　加气混凝土砌块墙构造柱

⑨加气混凝土填充墙砌体在转角处及纵横墙交接处，应同时砌筑，当不能同时施工时，应留成斜槎。砌体每天的砌筑高度不应超过 1. 8m。

⑩切锯砌块应使用专用工具，不允许用斧或瓦刀任意砍劈。

⑪墙体洞口上部应放置 $2\phi6$ 的拉结筋，伸过洞口两边长度每边不少于 500mm。

⑫不同干密度和强度等级的加气混凝土不应混砌。加气混凝土砌块也不得与其他砖、砌块混砌。但因构造要求在墙底、墙顶及门窗洞口处局部采用烧结普通砖和多孔砖砌筑时，不视为混砌。

4. 轻骨料混凝土小型空心砌块砌筑操作要求

（1）基层清理：同烧结空心砖填充墙。

（2）墙体放线：同烧结空心砖填充墙。

（3）立皮数杆、排砖摞底：同烧结空心砖填充墙。

（4）砌墙：

①结构经验收合格后，把砌筑基层楼地面的浮浆残渣清理干净并进行弹线，填充墙的边线、门窗洞口位置线尽可能准确，偏差控制在规范允许的范围内。皮数杆尽可能立在填充墙的两端或转角处，并拉通线。

②轻骨料混凝土小型空心砌块砌筑时，墙底部应砌 200mm 高烧结普通砖、多孔砖或混凝土空心砌块，或浇筑 200mm 高同墙厚的混凝土，混凝土强度等级宜为 C20。

③填充墙砌筑时应预选、预排砌块，并清除砌块表面污物，剔除外观质量不合格的砌块。当填充墙设置芯柱时，还应清除所用砌块的底部毛边，并在砌筑第一皮砌块时，采用开口小砌块或 U 形小砌块，以形成清理口，混凝土浇筑前，可从清理口中掏出落在砌块孔洞中的杂物。

④砌块墙的转角处，应隔皮纵、横墙砌块相互搭砌。砌块墙的 T 形交接处，应使横墙砌块隔皮端面露头，如图 4-21所示。

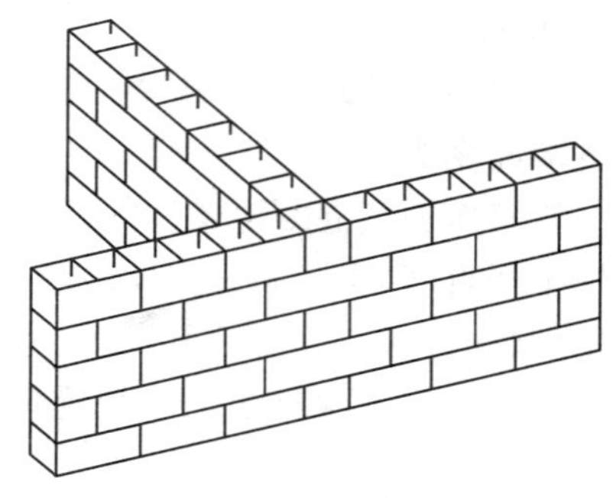

图 4-21　轻骨料混凝土小砌块墙 T 形接头

⑤砌筑时填充墙必须遵循“反砌”原则，每皮砌块底部朝上砌筑，上下皮应对孔错缝搭砌，搭砌长度一般为砌块长度的 1/2。如上下皮砌块不能满足最小搭砌长度 90mm 要求时，应在水平灰缝预埋 $2\phi6$ 的拉结筋或 $\phi4$ 的钢筋焊接网片，拉结筋或网片的长度不宜小于 700mm。竖向通缝不应大于 2 皮砌块。

⑥轻骨料混凝土小型空心砌块填充墙砌体的竖向灰缝厚度和水平灰缝厚度应为 8 ~ 12mm。砌筑时的铺灰长度不得超过 800mm。

⑦填充墙砌体的水平灰缝应平直，按净面积计算的砂浆饱满度不应小于 80%。竖向灰缝应采用加浆方法，使砌筑砂浆饱满，严禁用水冲浆灌缝，不得出现假缝、瞎缝、透明缝。竖缝的饱满度不应低于 80%。水平灰缝和竖向灰缝的厚度一般为 10mm，最大不应超过 12mm，最小不应小于 8mm。

⑧轻骨料混凝土小型空心砌块填充墙砌体与结构构件的连接部位应预埋拉结筋。当设计有要求时按设计要求预埋，当设计没有要求时沿高度间距 500 ~ 1 000mm 预埋或后植 $2\phi6$ 的拉结筋。当有抗震要求时，拉结筋的末端应做成 40mm 长 90°弯钩。拉结筋不得任意弯曲，应埋在水平灰缝的砂浆中。

⑨当设计有要求时，应按设计要求设置混凝土或钢筋混凝土芯柱，芯柱的宽度由设计确定，留设位置宜在填充墙的转角处、十字交接处、T 形交接处或大开间中的纵横向填充墙中间等部位。芯柱布置应体现对称均匀的原则。

⑩轻骨料混凝土小型空心砌块填充墙砌体在转角处及纵横墙交接处，应同时砌筑，当不能同时施工时，应留成斜槎，斜槎长度不应小于高度的 2/3（一般按一步脚手架高度控制）。如留斜槎确实有困难时，除外墙转角处或有抗震设防的地区墙体临时间断处外，可从墙面伸出 200mm 砌成阴阳槎，并沿墙高每三皮砖或 600mm 高，宜设 $2\phi6$ 的拉结筋。从留槎处算起，拉结筋每边伸入墙体或芯柱内不应小于 600mm，并应在接槎处搭接砌块的孔洞（一孔）内用 C15 混凝土灌实，如图 4-22 和图 4-23 所示。

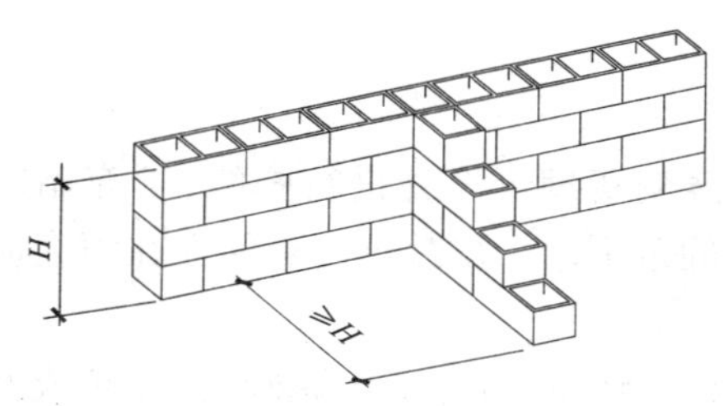

图 4-22　轻骨料混凝土砌块斜槎

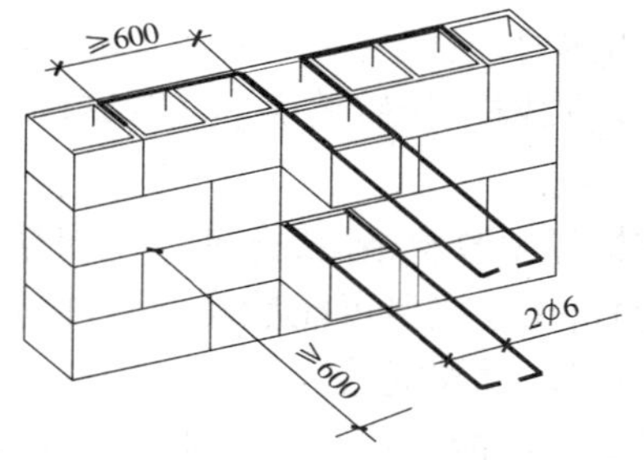

图 4-23　轻骨料混凝土砌块直槎（尺寸单位：mm）

⑪芯柱所用混凝土的强度等级不应小于 C15。为便于混凝土的浇筑,混凝土的坍落度不应低于 90mm。宜采用软轴式混凝土振捣器每 400 ~ 500mm 高分层边振

捣边浇筑。混凝土浇筑时应保证砌体砂浆的强度等级不应低于 1MPa。

⑫轻骨料混凝土小型空心砌块填充墙砌体与后塞口门窗及砌体间的连接有多种方式,一般用预埋混凝土块,各种材料的门窗框铁皮拉条或燕尾铁等固定件,通过射钉、膨胀螺栓等打入混凝土预埋块中即可。混凝土预埋块的尺寸宜为:与墙等厚、与砌块等高、砌入墙中 200mm 或 300mm 的正六面体。

⑬轻骨料混凝土小型空心砌块填充墙砌体每天的砌筑高度不应超过 1.8m。

⑭墙体上留洞且洞口尺寸小于 300mm 的洞口上部应放置 2ϕ6 的拉结筋,伸过洞口两边长度每边不少于 500mm。

⑮对设计规定的洞口、管道、沟槽和预埋件,应在砌筑墙体时预留和预埋,不得随意打凿砌好的墙体。

5. 成品保护

(1)空心砖、砌块运输、装卸过程中,严禁抛掷和倾倒,防止损坏棱角边。

(2)砌筑好的砖墙,不得碰撞撬动,否则应重铺砂浆砌筑。

(3)在搭、拆脚手架时,不得碰撞已砌墙体和门窗边角。

(4)洞口、管道、沟槽等应事先预留预埋,防止砌后剔凿。

(5)在墙体开洞、开槽时,应弹线切割,并保持块体完整;如有活动或损坏,应进行补强处理。

(6)在运料、卸料、翻架子时,防止碰撞墙面及门窗洞口。

(7)墙体拉结筋、抗震构造柱钢筋及各种预埋件,暖卫、电气管线等,均应注意保护,不得任意拆改或损坏。

(8)墙体砌筑后,砂浆达到一定的强度后才能支设构造柱、过梁模板。

(9)浇灌构造柱及过梁混凝土时,不能撬动或碰撞墙体,防止砖体松动。

(10)雨期施工收工时,应覆盖砌体,以防雨水冲刷。

6. 安全环境防护措施

(1)砖砌体施工脚手架要搭设牢固。

(2)砖过梁底部的模板,应在灰缝砂浆强度不低于设计强度的 50% 时,方可拆除。

(3)外墙施工时,必须有外墙防护及施工脚手架,墙与脚手架间的间隙应封闭防止高空坠物伤人。

(4)严禁站在墙上进行画线、吊线、清扫墙面、支设模板等施工作业。

(5)在脚手架上,堆放普通砖不得超过两层。

(6)操作时精神要集中,不得嬉笑打闹,以防意外事故发生。

(7)现场施工机械等应根据《建筑机械使用安全技术规程》(JGJ 33—2001)检查各部件工作是否正常,确认运转合格后方能投入使用。

(8)现场施工临时用电必须按施工方案布置完成并根据《施工现场临时用电安装技术规范》(JGJ 46—2005)检查合格后才可以投入使用。

(9)现场实行封闭化施工,有效控制噪声、扬尘、废物、废水等排放。

7. 季节性施工措施

(1)冬期施工

①编制冬期施工方案并进行技术交底。

②砌筑前，应清除块材表面污物、冰霜等。遭水浸冻后的砖或砌块不得使用。石灰膏、电石膏等应防止受冻，如遭冻结，应经融化后方可使用。

③冬期施工不得使用无水泥配制的砂浆，宜采用普通硅酸盐水泥拌制。拌制砂浆用砂，不得含有冰块和大于10mm的冻结块。

④砌筑砂浆温度不应低于5℃。拌和砂浆宜采用两步投料法。当采用掺盐砂浆法施工时，宜将砂浆强度等级按常温施工的强度等级提高一级。

⑤气温低于0℃以下，砖可不浇水湿润，但必须增大砂浆稠度。

⑥掺砌筑砂浆防冻剂时，应经检验和试配符合要求后方可使用。

⑦新砌砌体每日砌筑后，应使用保温材料覆盖，砌筑表面不得留有砂浆。在继续砌筑前，应扫净砌筑表面，然后再进行施工。

⑧砌块施工不得采用冻结法。

⑨冬期施工时，每日砌筑高度不宜超过1.2m。

⑩冬期施工时不宜采用掺氯盐外加剂。

⑪冬期施工砂浆试块的留置，除应按常温规定外，尚应增留不少于1组与砌体同条件养护的试块，测试检验28d强度。

(2)雨期施工

①雨期施工不得使用过湿的块料，以避免砂浆流淌，影响砌体质量；雨后继续施工时，应复核砌体垂直度。

②砌体砌筑如遇雨期停止施工时，应及时进行覆盖，防止砂浆被雨水冲刷，造成砂浆流失，影响砌体质量。

③砂浆稠度应根据实际情况适当减小。

(三)引导问题

1. 填充墙有哪些构造要求？其目的是什么？
2. 何种情况填充墙顶部采用滚砖做法？何种情况采用结构底部预埋铁件拉结填充墙顶部做法？
3. 为何填充墙砌至接近梁、板底时，要间隔至少7d后才能实施填充墙顶部与结构底部拉结做法？
4. 简述蒸压加气混凝土砌块墙施工工艺流程。
5. 简述粉煤灰小型空心砌块填充墙的施工操作要求。
6. 如何做好填充墙施工的安全环境防护？
7. 在冬、雨季节填充墙施工时应该注意哪些方面？

四、任务实施

1. 将附录二中某框架结构建筑的填充墙施工图中的填充墙按照小组数分成几段，各小组各自砌筑其中一段，根据计划在实训基地领取所需材料及工具。
2. 各小组组织安全教育学习，检查并做好安全防护措施。
3. 学习填充墙施工工艺流程及施工要点，并对小组成员合理分工明确任务。
4. 通过录像和实训指导老师指导进行砌筑一段填充墙。
5. 各小组讨论总结填充墙施工过程的经验教训，并结合前一任务完成的准备工作，编制本书附录二中该项目的填充墙工程施工方案。

五、评价与反馈

1. 学生自我评价

(1)完成此次任务过程中存在的主要问题有哪些?

(2)分析出现问题的原因,并提出相应的解决办法。

(3)你认为还需加强哪些方面的指导?

2. 学习工作过程评价表

请填写任务评价表(表4-4)。

任务评价表　　表4-4

<table>
<tr><th rowspan="2">考核项目</th><th colspan="3">分数</th><th rowspan="2">学生自评（30%）</th><th rowspan="2">小组互评（30%）</th><th rowspan="2">教师评价（40%）</th><th rowspan="2">小计</th></tr>
<tr><th>差</th><th>中</th><th>好</th></tr>
<tr><td>是否具备团队合作精神</td><td>1.5</td><td>3</td><td>5</td><td></td><td></td><td></td><td></td></tr>
<tr><td>是否积极参与活动</td><td>1.5</td><td>3</td><td>5</td><td></td><td></td><td></td><td></td></tr>
<tr><td>工作过程安排是否合理规范</td><td>6</td><td>12</td><td>20</td><td></td><td></td><td></td><td></td></tr>
<tr><td>是否遵守劳动纪律</td><td>1.5</td><td>3</td><td>5</td><td></td><td></td><td></td><td></td></tr>
<tr><td>资料收集是否准确、快捷</td><td>1.5</td><td>3</td><td>5</td><td></td><td></td><td></td><td></td></tr>
<tr><td>应变能力是否强，回答问题是否准确</td><td>4.5</td><td>9</td><td>15</td><td></td><td></td><td></td><td></td></tr>
<tr><td>安全、环保、注意事项考虑是否周全</td><td>4.5</td><td>9</td><td>15</td><td></td><td></td><td></td><td></td></tr>
<tr><td>填充墙工程砌筑操作是否正确、快捷</td><td>4.5</td><td>9</td><td>15</td><td></td><td></td><td></td><td></td></tr>
<tr><td>填充墙工程施工方案是否完整、详实、正确</td><td>4.5</td><td>9</td><td>15</td><td></td><td></td><td></td><td></td></tr>
<tr><td>总计</td><td colspan="5"></td><td></td><td></td></tr>
<tr><td colspan="6">教师签字：　　　　年　月　日</td><td>得分</td><td></td></tr>
</table>

任务单元三　质量检查验收

一、任务描述

每小组对在前一任务单元完成的一段填充墙工程进行检验批和分项工程的质量检查与验收，并填写相关表格，做好自检资料的填写和汇总。

二、学习目标

通过本任务的学习，你应当能：

1. 根据相关规范要求和设计图纸要求，对填充墙工程检验批进行自检；
2. 汇总相关资料，做好自检的相关资料进行自评；
3. 将填充墙的检验批自检资料汇总进行分项工程自检并自评，做好相关资料的填写和汇总。

三、学习准备

（一）知识要点

1. 填充墙工程质量验收标准的一般规定

（1）本内容适用于房屋建筑采用空心砖、蒸压加气混凝土砌块、轻骨料混凝土小型空心砌块等砌筑填充墙砌体的施工质量验收。

（2）采用蒸压加气混凝土砌块、轻骨料混凝土小型空心砌块砌筑时，其产品龄期应超过28d。

（3）空心砖、蒸压加气混凝土砌块、轻骨料混凝土小型空心砌块等的运输、装卸过程中，严禁抛掷和倾倒。进场后应按品种、规格分别堆放整齐,堆置高度不宜超过2m。加气混凝土砌块应防止雨淋。

(4)填充墙砌体砌筑前块材应提前2d浇水湿润。蒸压加气混凝土砌块砌筑时,应向砌筑面适量浇水。

(5)采用轻骨料混凝土小型空心砌块或蒸压加气混凝土砌块砌筑墙体时,墙底部可砌烧结普通砖、多孔砖、普通混凝土小型空心砌块或现浇混凝土坎台等,其高度不宜小于200mm。

2. 填充墙工程质量验收标准的主控项目

砖、砌块和砌筑砂浆的强度等级应符合设计要求。

检验方法:检查砖或砌块的产品合格证书、产品性能检测报告和砂浆试块试验报告。

3. 填充墙工程质量验收标准的一般项目

(1)填充墙砌体一般尺寸的允许偏差应符合表4-5的规定。

填充墙砌体一般尺寸允许偏差 表4-5

<table>
<tr><th>项次</th><th colspan="2">项　目</th><th>允许偏差(mm)</th><th>检验方法</th></tr>
<tr><td rowspan="3">1</td><td colspan="2">轴线位移</td><td>10</td><td>用尺量检查</td></tr>
<tr><td rowspan="2">垂直度</td><td>≤3m</td><td>5</td><td>用2m托线板或吊线、尺量检查</td></tr>
<tr><td>>3m</td><td>10</td><td>—</td></tr>
<tr><td>2</td><td colspan="2">表面平整度</td><td>8</td><td>用2m靠尺和楔形塞尺检查</td></tr>
<tr><td>3</td><td colspan="2">门窗洞口高、宽(后塞口)</td><td>±5</td><td>用尺量检查</td></tr>
<tr><td>4</td><td colspan="2">外墙上、下窗口偏移</td><td>20</td><td>用经纬仪或吊线检查</td></tr>
</table>

抽检数量:

①对表中1、2项,在检验批的标准间中随机抽查10%,但不应少于3间;大面积房间和楼道按两个轴线或每10延长米按一标准间计算。每间检验不应少于3处。

②对表中3、4项,在检验批中抽检10%,且不应少于5处。

(2)蒸压加气混凝土砌块砌体和轻骨料混凝土小型空心砌块砌体不应与其他块材混砌。

抽检数量:在检验批中抽检20%,且不应少于5处。

检验方法:外观检查。

加气混凝土砌块砌体和轻骨混凝土小砌块砌体的干缩较大,为防止或控制砌体干缩裂缩的产生,故作出“不应混砌”的规定。但对于因构造需要的墙底部、墙顶部、局部门、窗洞口处,可酌情采用其他块材补砌。

(3)填充墙砌体的砂浆饱满度及检验方法应符合表4-6的规定。

填充墙砌体的砂浆饱满度及检验方法 表4-6

<table>
<tr><th>砌体分类</th><th>灰缝</th><th>饱满度及要求</th><th>检验方法</th></tr>
<tr><td rowspan="2">空心砖砌体</td><td>水平</td><td>≥80%</td><td rowspan="4">采用百格网检查块材底面砂浆的黏结痕迹面积</td></tr>
<tr><td>垂直</td><td>填满砂浆,不得有透明缝、瞎缝、假缝</td></tr>
<tr><td rowspan="2">加气混凝土砌块和轻骨料混凝土小砌块砌体</td><td>水平</td><td>≥80%</td></tr>
<tr><td>垂直</td><td>≥80%</td></tr>
</table>

抽检数量：每步架子不少于3处，且每处不应少于3块。

(4)填充墙砌体留置的拉结钢筋或网片的位置应与块体皮数相符合。拉结钢筋或网片应置于灰缝中，埋置长度应符合设计要求，竖向位置偏差不应超过一皮高度。

抽检数量：在检验批中抽检20%，且不应少于5处。

检验方法：观察和用尺量检查。

(5)填充墙砌筑时应错缝搭砌，蒸压加气混凝土砌块搭砌长度不应小于砌块长度的1/3；轻骨料混凝土小型空心砌块搭砌长度不应小于90mm；竖向通缝不应大于2皮。

抽检数量：在检验批的标准间中抽查10%，且不应少于3间。

检查方法：观察和用尺量检查。

(6)填充墙砌体的灰缝厚度和宽度应正确。空心砖、轻集料混凝土小型空心砌块的砌体灰缝应为8~12mm。蒸压加气混凝土砌块砌体的水平灰缝厚度及竖向灰缝宽度分别宜为15mm和20mm。

抽检数量：在检验批的标准间中抽查10%，且不应少于3间。

检查方法：用尺量5皮空心砖或小砌块的高度和2m砌体长度进行折算。

(7)填充墙砌至接近梁、板底时，应留一定空隙，待填充墙砌完并应至少间隔7d后，再将其补砌挤紧。

抽检数量：每验收批抽10%填充墙片(每两柱间的填充墙为一墙片)，且不应少于3片墙。

检验方法：观察检查。

4. 资料核查项目

(1)水泥、砖等主要材料的出场合格证，要求为按批量出场的原件。

(2)水泥、砖等主要材料进场按批量的见证取样单及复检试验报告单。

(3)砂浆配合比报告单及砂浆试块强度检验报告单。

(4)施工隐蔽记录、检验批及分项工程质量检验记录。

(二)引导问题

1. 填充墙工程的检验批数量如何划分?
2. 填充墙的质量标准的主控项目是什么?
3. 填充墙的质量标准的一般项目是什么?
4. 填充墙的质量缺陷一般有哪些? 如何预防?
5. 如果填充墙的主控项目不合格，应该如何处理?
6. 如果填充墙的一般项目不合格，应该如何处理?

四、任务实施

1. 各小组领取检测工具，并熟悉检测工具的使用方法。

2. 各小组按照质量验收规范对自己砌筑的填充墙进行质量检查，并记录填写自检资料(表4-7、表4-8)。

3. 汇总施工材料的相关资料，并根据自检资料的检测数据进行检验批的自评。

4. 将各个小组的检验批自检资料汇总进行分项工程自检并自评，做好相关资料的填写和汇总。

填充墙砌体工程检验批质量验收记录

表 4-7

工程名称			分项工程名称		
验收部位			施工单位		
项目负责人		专业工长		施工班组长	
施工执行标准及编号					

质量验收规范的规定			施工单位检查评定记录	监理（建设）单位验收记录
主控项目	1. 砖、砌块强度等级应符合设计要求			
	2. 强度等级应符合设计要求			
一般项目	1. 轴线位移			
	2. 垂直度（每层）	≤3m		
		>3m		
	3. 砂浆饱满度			
	4. 表面平整度			
	5. 门窗洞口高度（后塞口）			
	6. 外墙上下窗口偏移			
	7. 砌现象			
	8. 拉结钢筋			
	9. 搭砌长度			
	10. 灰缝厚度、宽度			
	11. 梁底砌法			
共实测 点，其中合格 点，不合格 点，合格点率 %				

施工单位检查评定结果	项目专业质量检查员： 项目专业质量（技术）负责人： 年 月 日
监理（建设）单位验收结论	监理工程师（建设单位项目技术负责人）： 年 月 日

注：本表由施工项目专业质量专业检查员填写，监理工程师（建设单位项目技术负责人）组织项目专业质量技术负责人等进行验收。

质量控制资料检查记录 表 4-8

工程名称： 编号：

施工单位：			
序号	项 目 名 称	份数	检 查 情 况
检查结果： 专业监理工程师(签字)：________ 日期：_____ 年___月___日			

五、评价与反馈

1. 学生自我评价

(1)完成此次任务过程中存在的主要问题有哪些？

(2)分析出现问题的原因，并提出相应的解决办法。

(3)你认为还需加强哪些方面的指导?

2. 学习工作过程评价表

请填写任务评价表(表4-9)。

任务评价表 表4-9

考核项目	分数			学生自评(30%)	小组互评(30%)	教师评价(40%)	小计
	差	中	好				
是否具备团队合作精神	1.5	3	5				
是否积极参与活动	1.5	3	5				
工作过程安排是否合理规范	6	12	20				
是否遵守劳动纪律	1.5	3	5				
资料收集是否准确、快捷	1.5	3	5				
应变能力是否强,回答问题是否准确	4.5	9	15				
填充墙工程质量检查操作是否正确、快捷	4.5	9	15				
填充墙工程检验批自评程序是否符合规范,资料是否齐全	4.5	9	15				
填充墙工程分项工程自评程序是否符合规范,资料是否齐全	4.5	9	15				
总计	30	60	100				
教师签字:				年 月 日		得分	

建筑设计总说明

一、设计依据

1.出具的建设用地规划红线图。
2.发改局项目批文。
3.现行有关国家规程及规范。

二、设计说明

(一)工程概况

1.本工程为某村住宅，建设地点位于某镇某村。
2.本工程建筑物类别为3级；耐火等级二级；抗震设防烈度小于6度，不考虑抗震设防；
屋面防水等级Ⅲ级；合理使用年限为 50 年。
3.建筑层数为三层，总建筑面积：373.5m²。
4.建筑高度：8.80m。

(二)总平面

1.建筑±0.000标高相当于国家标准高程标高：待定。
2.竖向布置：雨水，污水按规划排向边沟。

三 建筑施工说明

1.本工程室内外高差为 450mm，室内标高为 ±0.000；墙体标高 -0.060处做防潮层一道，
做法如下：20mm厚 1:2 水泥砂浆掺 5% 防水剂抹平压光。
2.地面做法：
(1)散水，斜坡或踏步见大样图；
(2)地面（自下而上）：素土夯实，100mm厚碎石垫层，80mm厚C15素混凝土，20mm厚1:3水泥砂浆找平抹光。
3.楼面及顶棚做法：
(1)顶棚板底刷素水泥浆一道（内掺黏结剂），5mm厚1:0.3:3 水泥石灰膏砂浆打底扫毛，5mm厚1:0.3:2.5水泥石灰膏砂浆罩面，轻钙批灰三度；
(2)楼面：现浇板上纵横各扫纯水泥浆一度，20mm 厚 1:2.5水泥砂浆抹面，加水泥粉随手抹光；
(3)卫生间地面铺贴防滑地砖，低于同层楼地面 30mm，并做 0.5%的泛水坡向地漏，现浇楼板沿四周，立墙(或管井壁)部位做150mm高素混凝土翻沿(开门处除外)，以防渗水。
4.屋面做法：
坡屋面做法见大样图；

图目	建筑设计总说明（一）	图别	建施
		图号	01

平屋面(上人)做法：(自上而下)：40mm厚C20细石混凝土，内配 ϕ6@200的双向钢筋网片随捣随抹，SBS防水卷材一层，20mm厚1:3水泥砂浆找平层，煤渣混凝土找坡(最薄处30mm厚)，钢筋混凝土现浇屋面板。

5. 雨水管：ϕ100UPVC管。
6. 天沟做法(自上而下)：SBS防水卷材，20mm厚1:2水泥砂浆找平层找1%坡，钢筋混凝土现浇板。
7. 屋面排水：屋面排水除注明外均采用材料找坡为排水方式，雨水沟坡度一般为1%，须严格按照有关规定施工，及时与设备安装配合，避免渗漏，确保排水通畅。
8. 外墙做法：12mm厚1:2水泥砂浆打底，8mm厚1:2水泥砂浆粉面，外墙涂料饰面，具体材料及颜色由甲方确定。
9. 内墙做法：

(1) 卫生间墙采用12mm厚1:3水泥砂浆打底扫毛或划出纹道，8mm厚1:0.1:2.5水泥石灰砂膏浆结合层，白瓷砖贴面；

(2) 其他墙13mm厚1:0.3:3水泥石灰膏砂浆打底，扫毛或划出纹道，1:0.3:2.5水泥石灰膏砂浆罩面压光，轻钙批灰三度；

(3) 内墙及走道均做120mm高水泥踢脚线，刷素水泥浆一道(内掺水泥质量3%~5%的107胶)，8mm厚1:3水泥砂浆找平扫毛或划出纹道，8mm厚1:2.5水泥砂浆罩面压实赶光。

10. 门窗：门立樘与开启方向墙面平齐，在开启一侧留120mm垛；门窗洞口两侧及内墙阳角离地2 000mm做1:2.5水泥砂浆护角；铝合金窗采用70系列，铝合金门采用90系列，均为白色边框；窗玻璃为5mm厚白片普通玻璃，门采用5mm厚磨砂玻璃。

11. 油漆做法：

(1) 所有预埋件均进行防锈处理，金属构件、配件、埋件及套管均刷红丹漆一度，防锈漆两度；

(2) 木门满刮腻子，调合漆一底二面，颜色另定。

12. 参考图集：

厨房，卫生间设施 97浙J19　　室外工程 浙 J18-95　　装饰工程 浙 85J801

铝合金门窗 99浙J7　　屋面图集 99J201(一)，00SJ202

13. 其他：

(1) 本设计图除标高以m计及标明单位外，均以mm为单位；建筑图所注地面、楼面、楼梯平台、踏步面标高均为建筑标高；

(2) 配电箱留洞，洞深同墙厚，背面均做钢板网分刷，四边大于孔洞200mm，特殊情况另详图；基础及墙上穿越管线时预留洞口，在管线安装完毕后用C15细石混凝土填实；

(3) 凡本工程说明及图纸未详尽处均按国家有关规程、规范及规定执行；

(4) 本设计图应同有关各专业图纸密切配合，施工单位需组织技术交底，按国家有关验收规范进行施工；

(5) 施工中如需修改设计，必须经设计单位同意，由设计单位出修改通知单，以此为依据施工。

图目	建筑设计总说明（二）	图别	建施
		图号	02

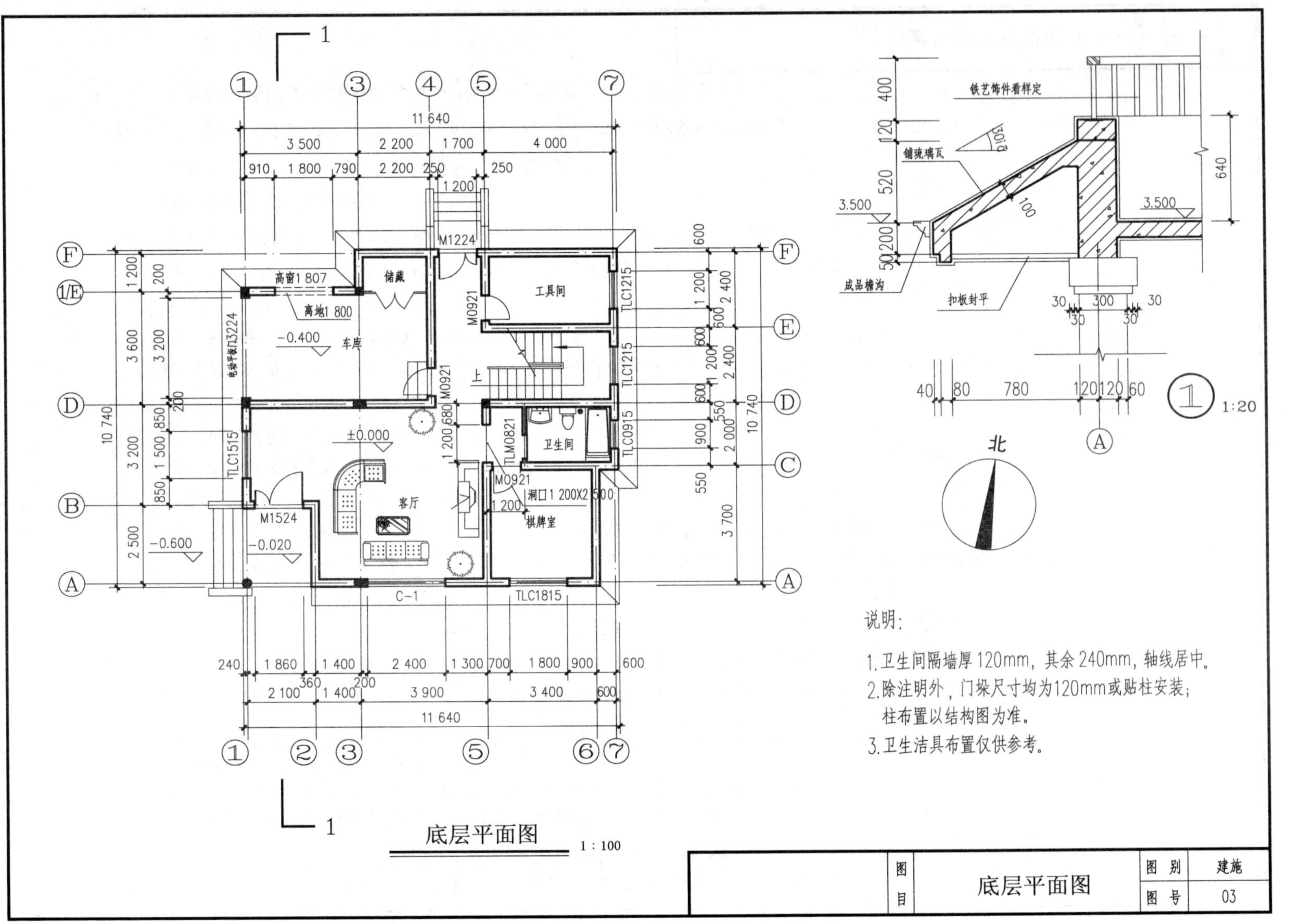
储藏
工具间
车库
客厅
卫生间
棋牌室
高窗1 807
离地1 800
电动平板门3224
M1224
M0921
M1524
TLM0821
洞口1 200X2 500
C-1
TLC1815
TLC1515
TLC1215
TLC0915
上
±0.000
-0.400
-0.020
-0.600
铁艺饰件看样定
铺琉璃瓦
成品檐沟
扣板封平
3.500
30°
1:20
北
说明：
1.卫生间隔墙厚120mm，其余240mm，轴线居中。
2.除注明外，门垛尺寸均为120mm或贴柱安装；
柱布置以结构图为准。
3.卫生洁具布置仅供参考。
底层平面图 1：100
图目 底层平面图
图别 建施
图号 03

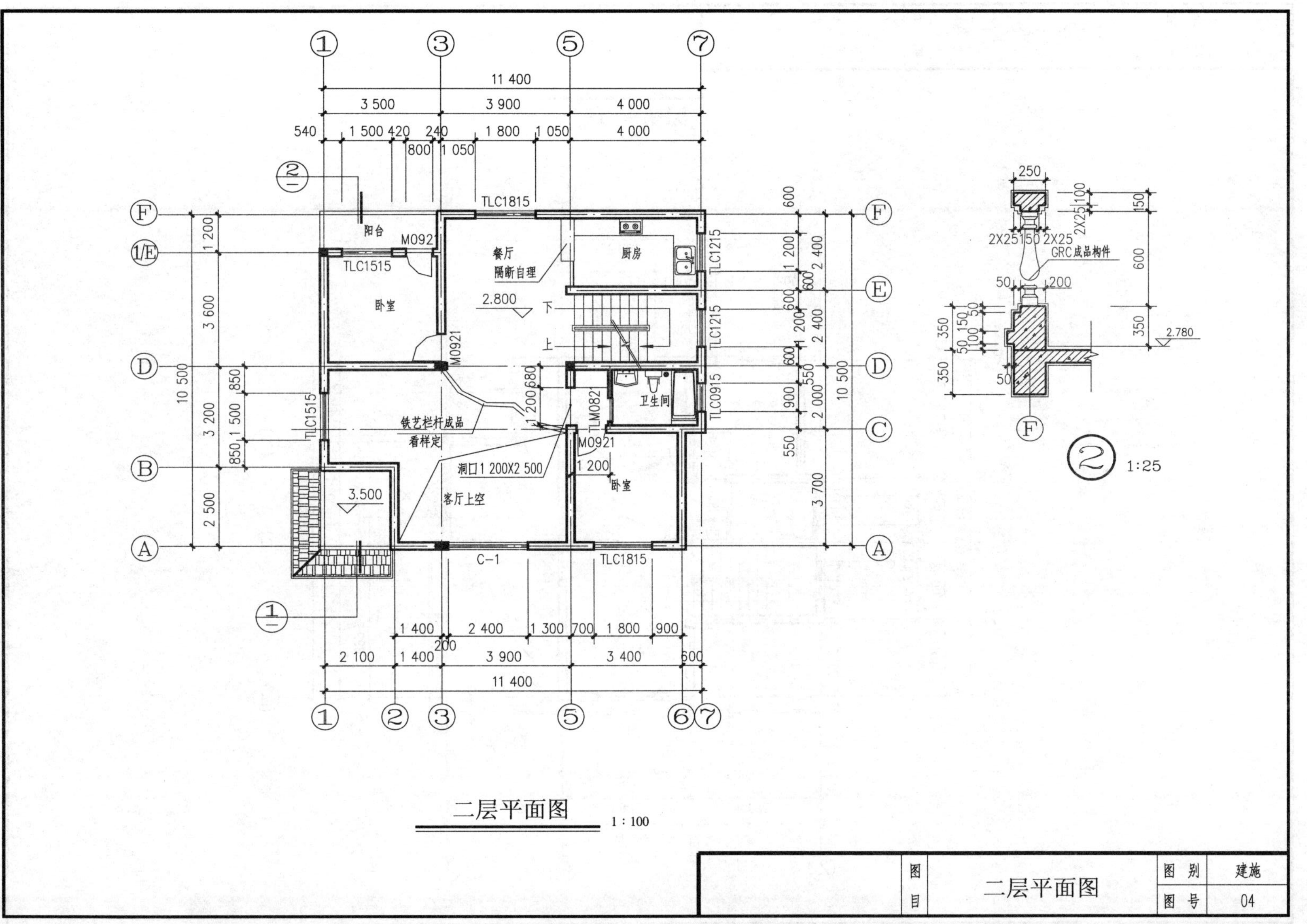

二层平面图 1：100

② 1:25

图目	二层平面图	图别	建施
		图号	04

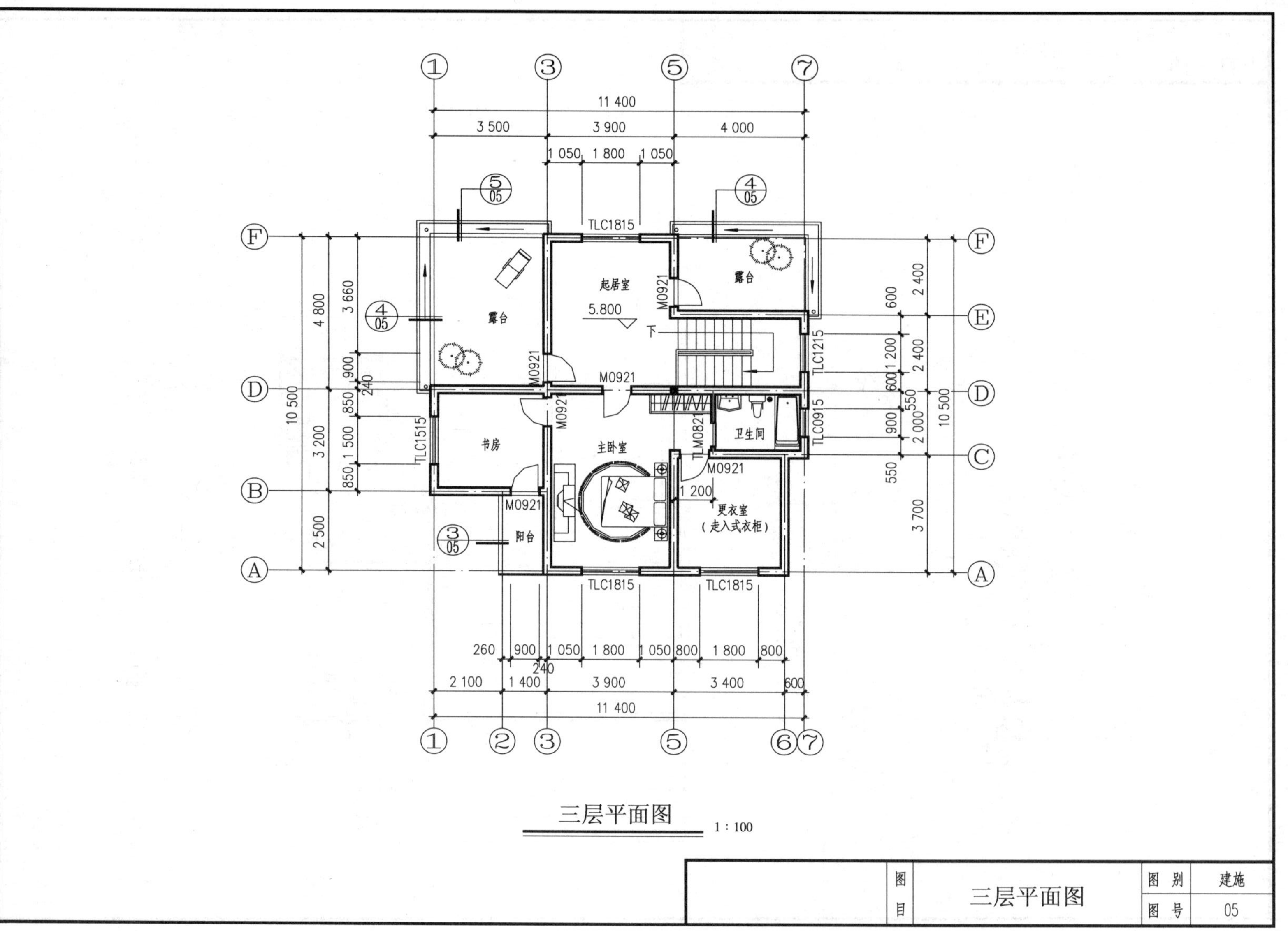
三层平面图
1:100
起居室
5.800
主卧室
露台
书房
阳台
卫生间
更衣室
（走入式衣柜）
M0921
TLM0821
TLC1815
TLC1515
TLC1215
TLC0915
10 500
11 400
图别 建施
图号 05
图目
三层平面图

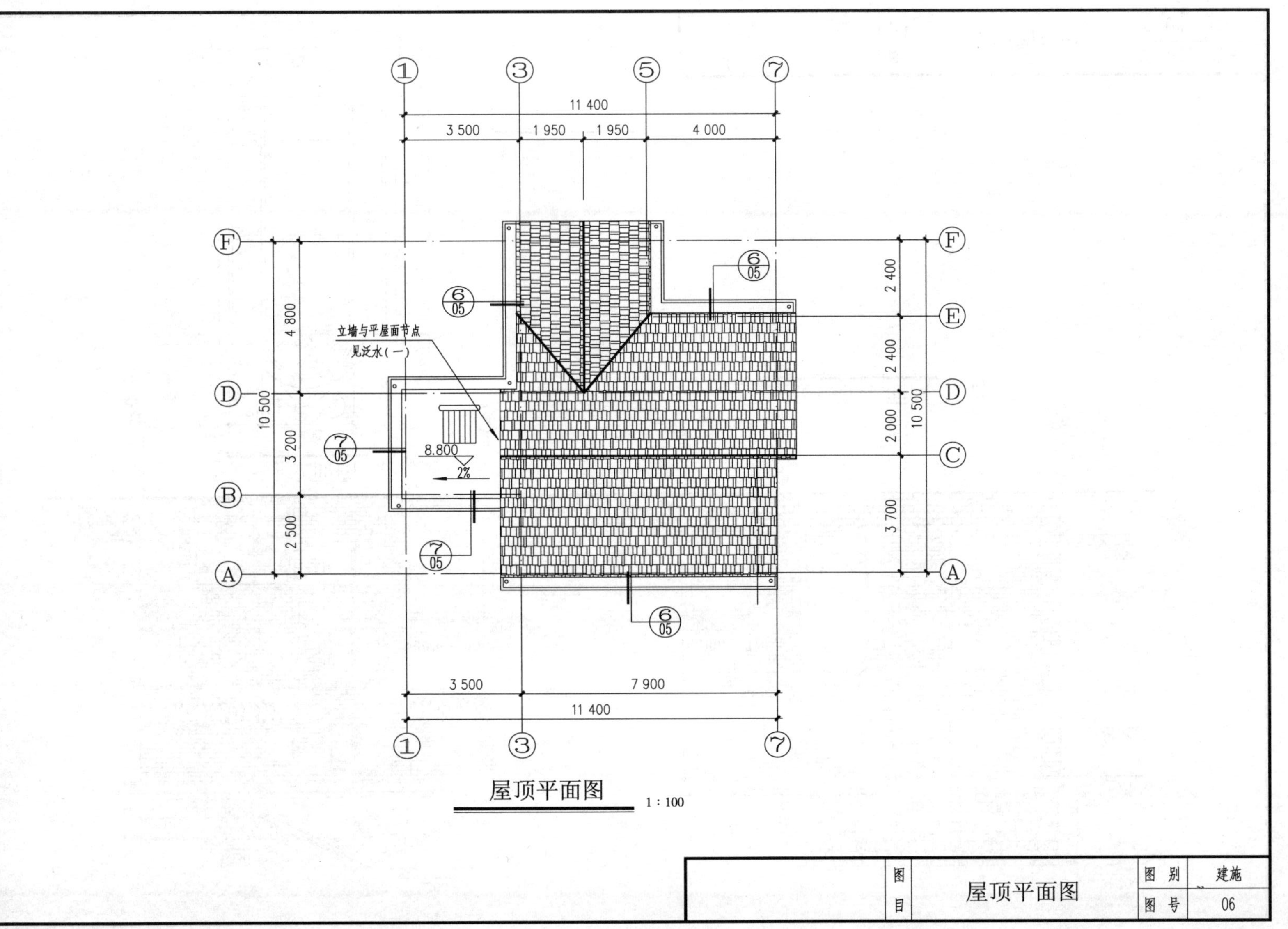
11 400
3 500
1 950
1 950
4 000
2 400
2 400
2 000
3 700
10 500
4 800
3 200
2 500
立墙与平屋面节点
见泛水(一)
8.800
2%
7 900
屋顶平面图 1 : 100
图目 屋顶平面图
图别 建施
图号 06

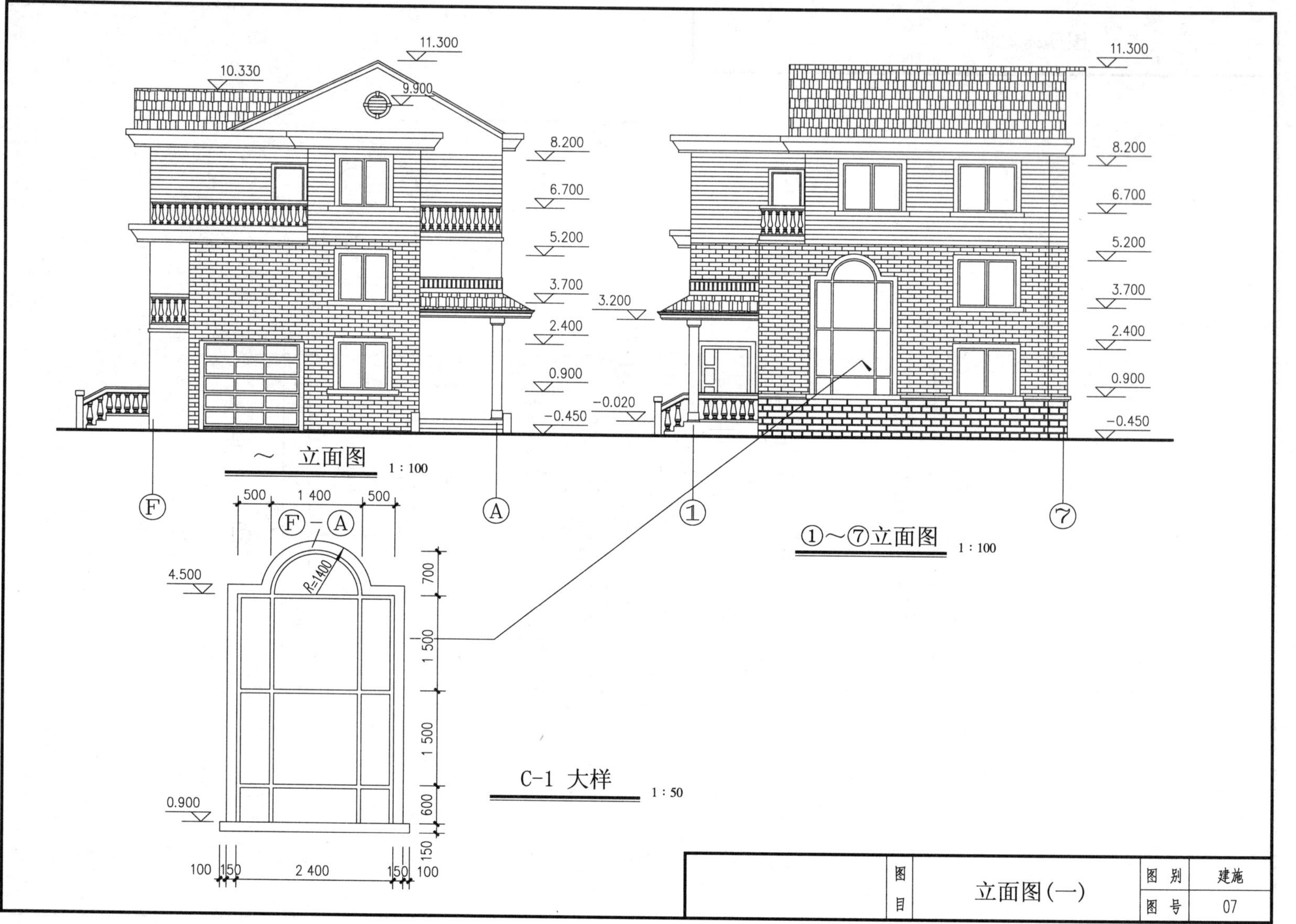

11.300
10.330
9.900
8.200
6.700
5.200
3.700
3.200
2.400
0.900
-0.020
-0.450
～ 立面图 1:100
Ⓕ
Ⓐ
①
⑦
①～⑦立面图 1:100
500
1 400
500
Ⓕ-Ⓐ
R=1400
4.500
700
1 500
1 500
600
150
0.900
100
150
2 400
150
100
C-1 大样 1:50
图目
立面图(一)
图别 建施
图号 07

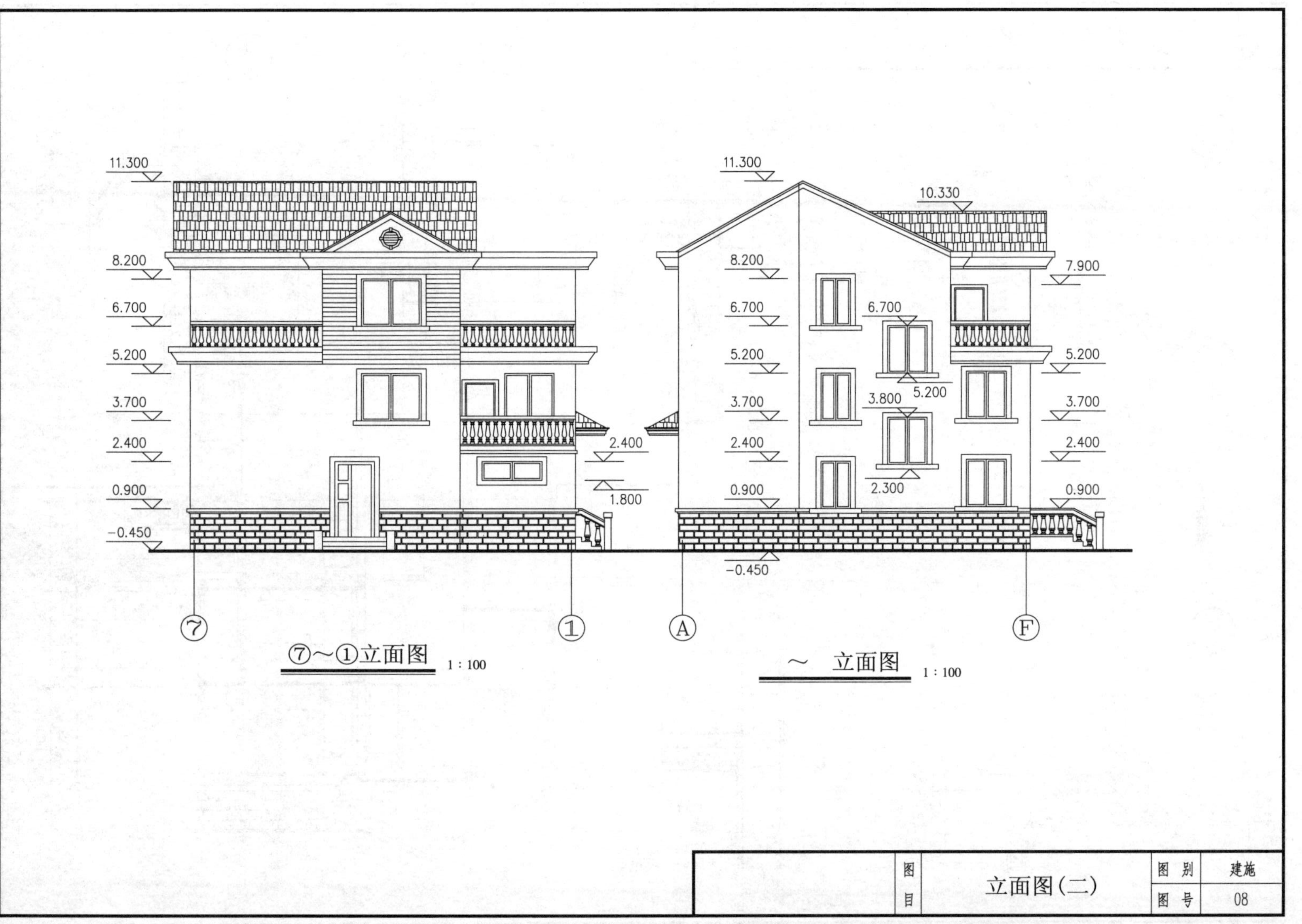
11.300
8.200
6.700
5.200
3.700
2.400
0.900
-0.450
2.400
1.800
⑦
①
⑦~①立面图 1:100
10.330
7.900
3.800
2.300
Ⓐ
Ⓕ
~ 立面图 1:100
图目 立面图(二)
图别 建施
图号 08

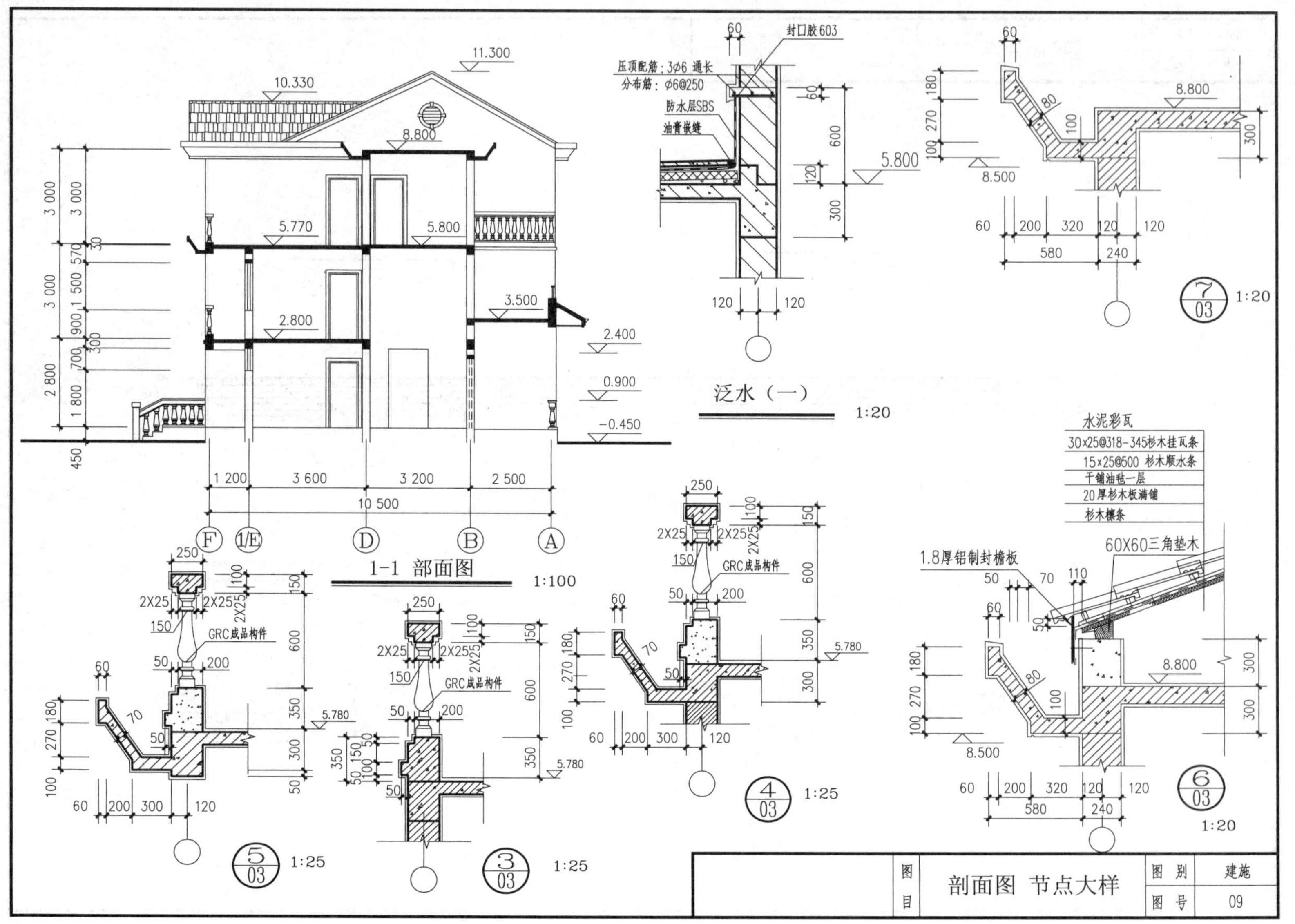

1-1 部面图 1:100
泛水（一） 1:20
压顶配筋：3φ6 通长
分布筋：φ6@250
防水层SBS
油膏嵌缝
封口胶603
水泥彩瓦
30x25@318-345杉木挂瓦条
15x25@500 杉木顺水条
干铺油毡一层
20厚杉木板满铺
杉木檩条
60X60三角垫木
1.8厚铝制封檐板
GRC成品构件
5/03 1:25
3/03 1:25
4/03 1:25
6/03 1:20
7/03 1:20
图目 剖面图 节点大样
图别 建施
图号 09

结构设计总说明

一、工程概况

1. 本工程为某村住宅，建设地点位于某村，建筑层数为三层。

二、设计依据

1. 该工程安全等级为二级，耐火等级为三级，屋面防水等级为三级，抗震设防烈度小于6度。

2. 荷载：

基本风压0.4kN/m²；楼梯活载标准值2.5kN/m²；阳台活载标准值2.5kN/m²；

非上人屋面活载标准值0.7kN/m²；楼面活载标准值：2.0kN/m²；厨厕活载标准值2.5kN/m²。

3. 设计中依据的主要国家标准规范有：《建筑结构荷载规范》(GB 50009—2001)；

《砌体结构设计规范》(GB 50003—2001)；

《混凝土结构设计规范》(GB 50010—2002)；

《建筑地基基础设计规范》(GB 50007—2002)；

《多孔砖砌体结构技术规范》(JGJ 137—2001)。

4. 设计中使用的电算程序有：PKPMCAD。

三、地基基础

1. 本工程暂以黄海系作为室内地坪标高（±.000）。

2. 本工程甲方未提供岩土工程勘察报告，建议施工前先进行地质勘探。

3. 本工程基础设计假设持力层承载力特征值为f_k=150kPa，基础埋深暂取d=1.5m，开挖后视土质实际情况再进行相应调整。

4. 基础施工过程中若发现异常地质情况，应及时通知设计单位会同有关单位研究处理。

四、主要材料

1. 混凝土：基础垫层100mm厚C10素混凝土；其他部位全部采用C20混凝土浇筑。

2. 钢筋：HPB235级钢筋(Φ)，HRB335级钢筋(Φ)。

3. 砖砌体：标高±0.000m以上墙体均采用MU10烧结多孔砖M7.5混合砂浆砌筑；

标高±0.000m以下墙体均采用MU15水泥普通砖M10水泥砂浆砌筑。

图目	结构设计总说明（一）	图别	结施
		图号	01

五、施工要求

1. 受力钢筋的混凝土保护层厚度，除注明者外，板为20mm；梁柱为30mm；基础为40mm。
2. 钢筋的接头宜优先采用焊接或机械接头，同一截面内接头钢筋截面面积不应超过全部钢筋截面面积的50%。
3. 屋面、厨厕、楼面等有找坡要求的部位，在现浇板或铺放预制构件时，应按设计要求设置排水坡度；厨厕完成后地面最高点应低与其他地坪面 30mm。
4. 现浇板开洞小于300mm时，若图中未特别注明，板内钢筋须从洞边绕过，不另设附加钢筋。
5. 图中梁板受力钢筋通长时，下部(基础梁为上部)正筋应在支座处搭接，上部(基础梁为下部)负筋应在跨中1/3跨度范围内搭接。
6. 构造柱必须先砌墙后浇柱，墙柱连接处砌成马牙槎，并留好墙柱拉结筋，拉结筋沿柱高按 2ϕ6@500 设置，锚入柱内200 mm，伸入墙内1 000mm。
7. 构造柱支承于钢筋混凝土梁或基础上时，钢筋锚入梁或基础内，钢筋一律在基础面搭接，搭结长度为48d。
8. 上下水管道及设备孔洞均需按预留孔洞平面及有关专业图示位置和大小预留，不得后凿。
9. 凡板面为反梁结构，需按排水方向、位置及大小预留过水洞，不得后凿。
10. 楼面处无梁通过时，内外墙部位要求圈梁满布，见断面详图1；门窗洞口顶无梁通过时需增设过梁，过梁长为洞口宽+300mm×2，过梁截面及配筋详下图 GL1，GL2，GL3。

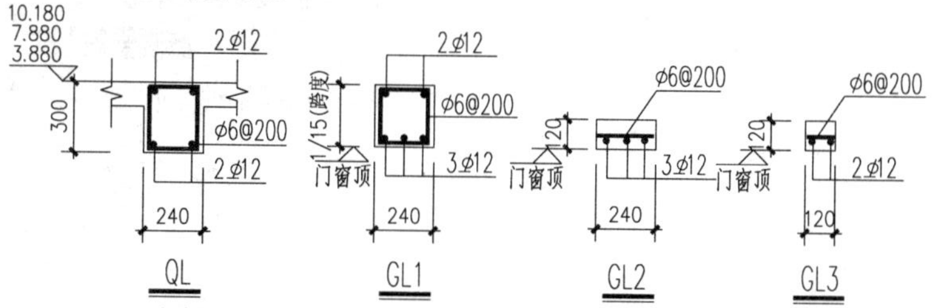

10.180
7.880
3.880
300
2ϕ12
ϕ6@200
2ϕ12
240
QL

2ϕ12
ϕ6@200
3ϕ12
1/15(跨度)
门窗顶
240
GL1
(洞口宽度≥1 800)

ϕ6@200
120
3ϕ12
门窗顶
240
GL2
(洞口宽度<1 800)

ϕ6@200
120
2ϕ12
门窗顶
120
GL3
(120墙厚处)

图1

11. 要求在水电安装过程中各部门工作人员密切配合施工，在受力墙或板中留设孔洞时须经结构设计人员同意并不得在已经施工完毕的墙体或板上任意打洞。
12. 未尽事项严格按国家规范、规程、相关图集及地区规定要求施工。

六、其他说明

1. 本工程图纸尺寸除标高按m计外其余均按mm计。
2. 沉降观测要求：
   (1) 水准基点要求以固定水准点为准，测试点做法详见图2；
   (2) 观测要求在观测点埋好后开始观测，第二层施工完成后观测第二次，以后每层观测一次，结顶后第一年每三月观测一次，第二年每半年观测一次，如遇特殊情况应及时通知设计部门(并要求在两相邻房屋边各设两个观测点)。

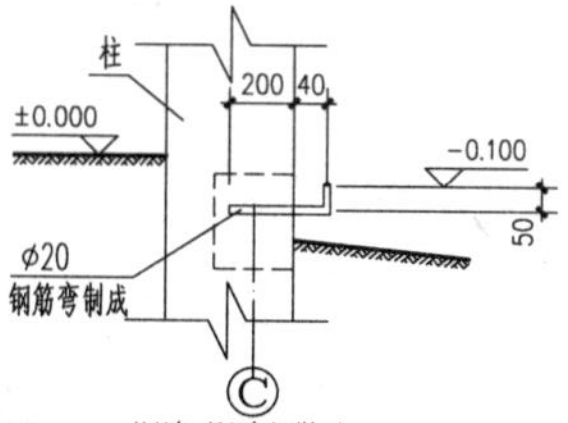

柱
200
40
±0.000
−0.100
50
ϕ20
钢筋弯制成

沉降观测点做法 1:20
图2

图目	结构设计总说明(二)	图 别	结施
		图 号	02

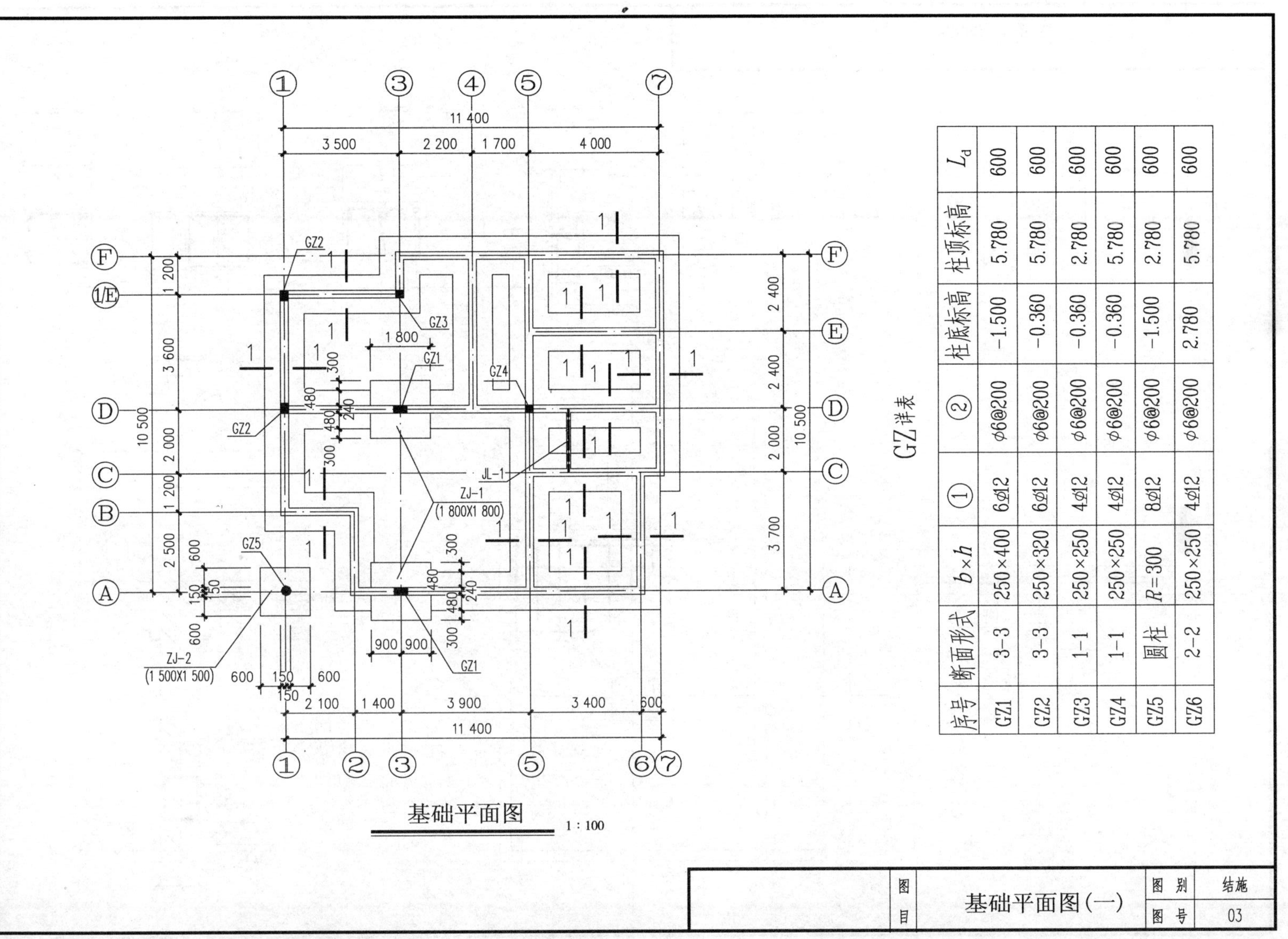

基础平面图 1:100

GZ详表

序号	断面形式	$b\times h$	①	②	柱底标高	柱顶标高	L_d
GZ1	3-3	250×400	6Ø12	Ø6@200	-1.500	5.780	600
GZ2	3-3	250×320	6Ø12	Ø6@200	-0.360	5.780	600
GZ3	1-1	250×250	4Ø12	Ø6@200	-0.360	2.780	600
GZ4	1-1	250×250	4Ø12	Ø6@200	-0.360	5.780	600
GZ5	圆柱	R=300	8Ø12	Ø6@200	-1.500	2.780	600
GZ6	2-2	250×250	4Ø12	Ø6@200	2.780	5.780	600

图目	基础平面图(一)	图别	结施
		图号	03

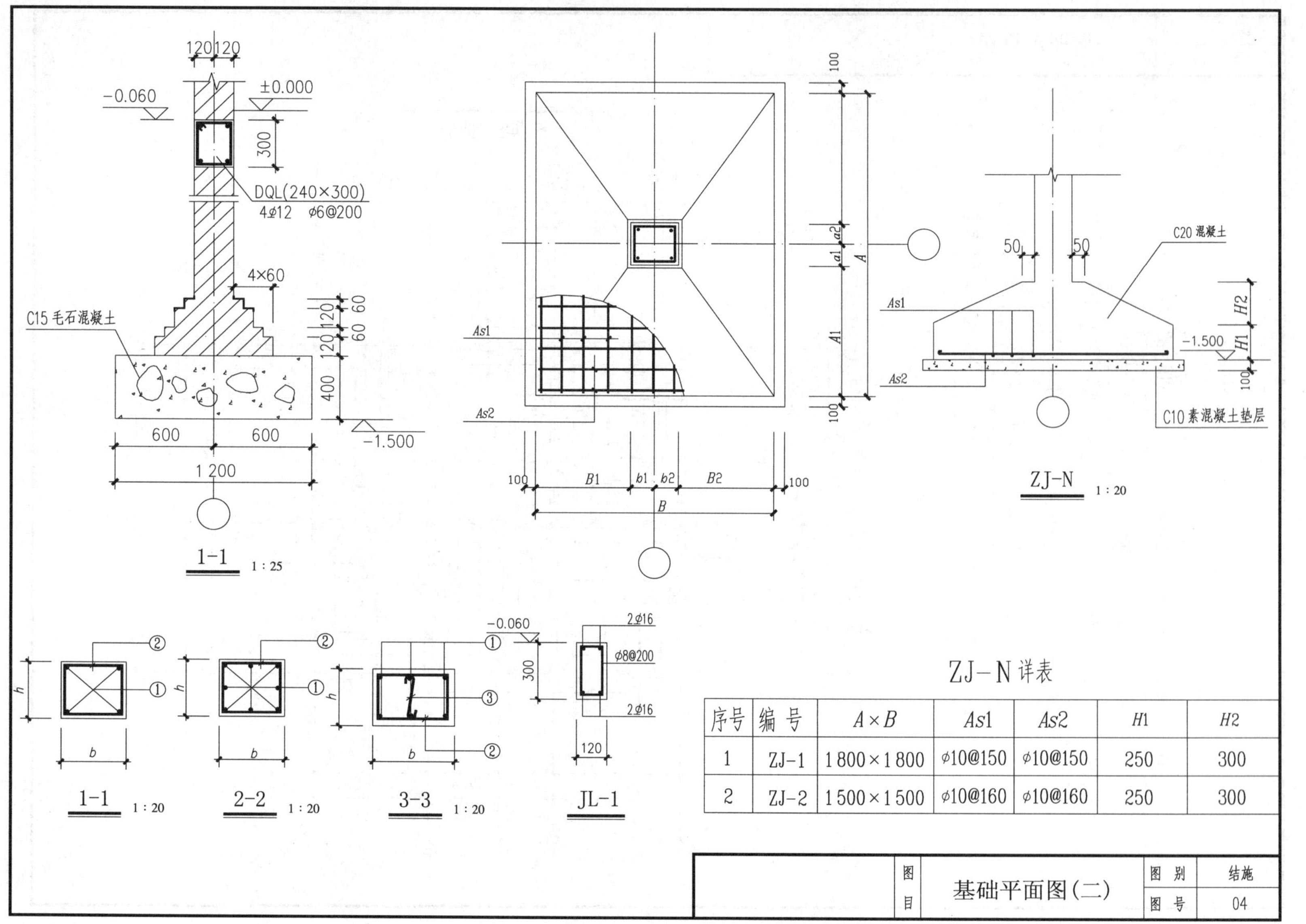

ZJ-N 详表

序号	编 号	A×B	As1	As2	H1	H2
1	ZJ-1	1 800×1 800	ϕ10@150	ϕ10@150	250	300
2	ZJ-2	1 500×1 500	ϕ10@160	ϕ10@160	250	300

图目	基础平面图(二)	图 别	结施
		图 号	04

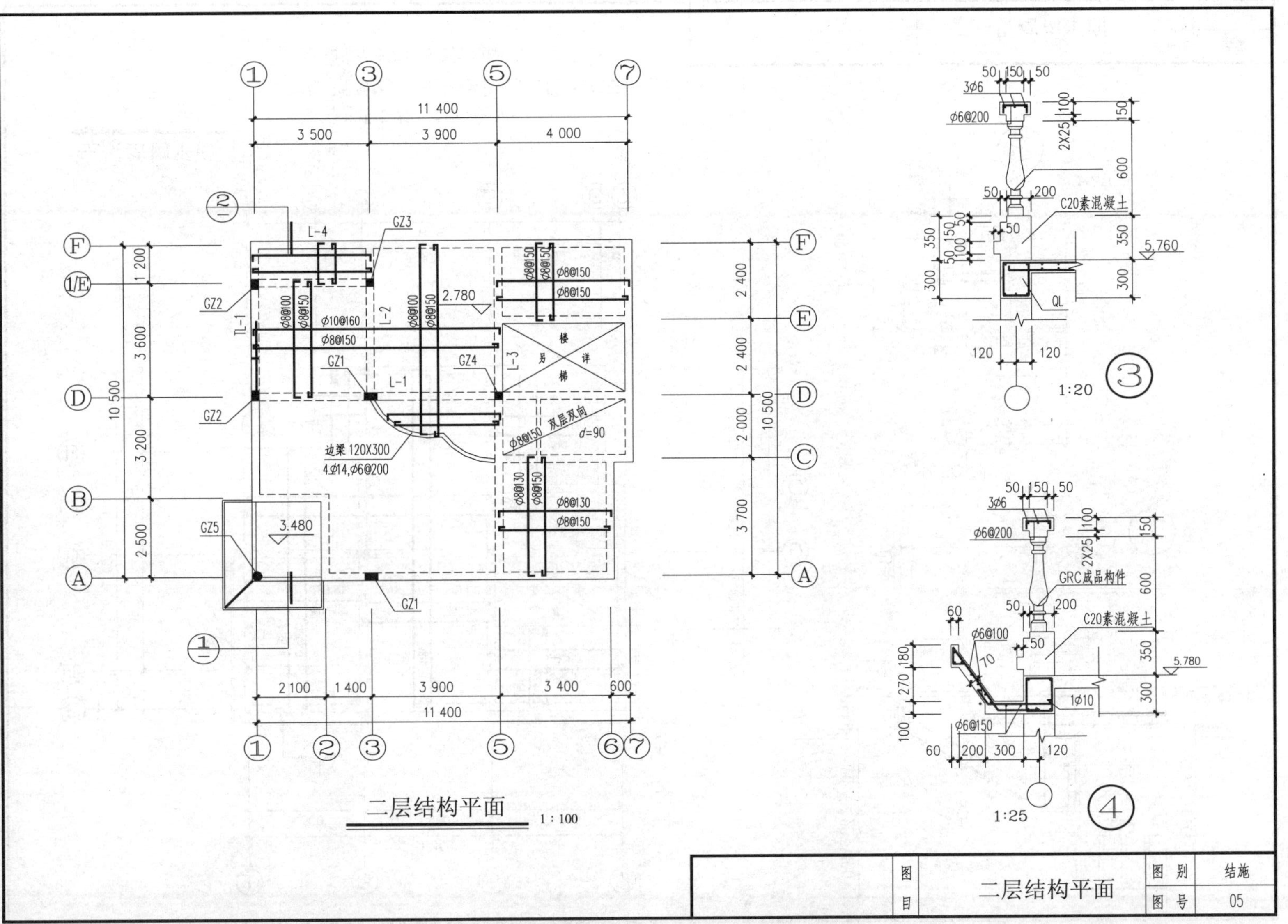
二层结构平面 1:100
边梁 120X300
4Φ14,Φ6@200
另详
楼梯
双层双向
d=90
C20素混凝土
GRC成品构件
1:20
1:25
图目 二层结构平面
图别 结施
图号 05

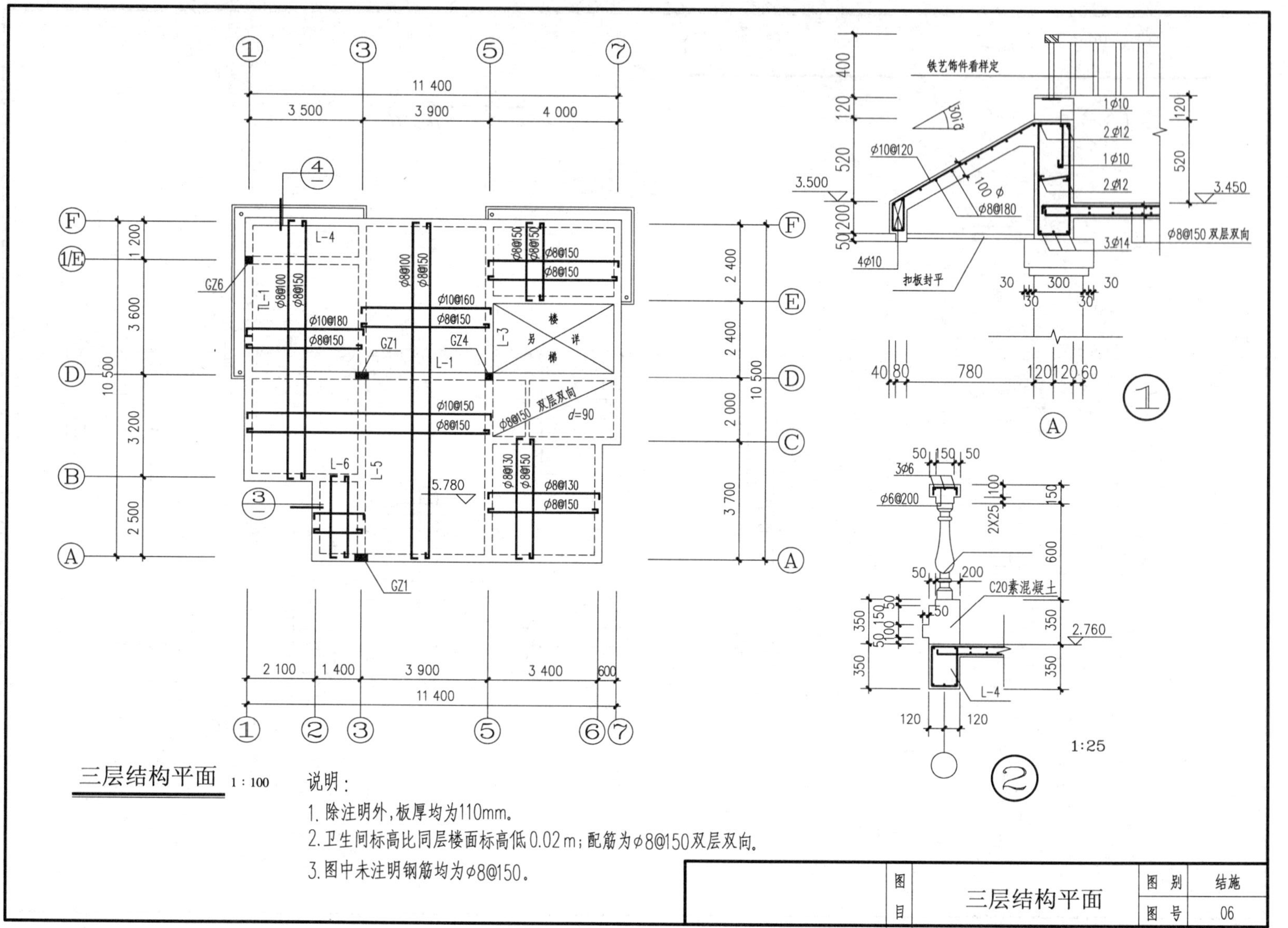

三层结构平面 1:100

说明：

1. 除注明外，板厚均为110mm。
2. 卫生间标高比同层楼面标高低0.02 m；配筋为φ8@150双层双向。
3. 图中未注明钢筋均为φ8@150。

图目	三层结构平面	图别	结施
		图号	06

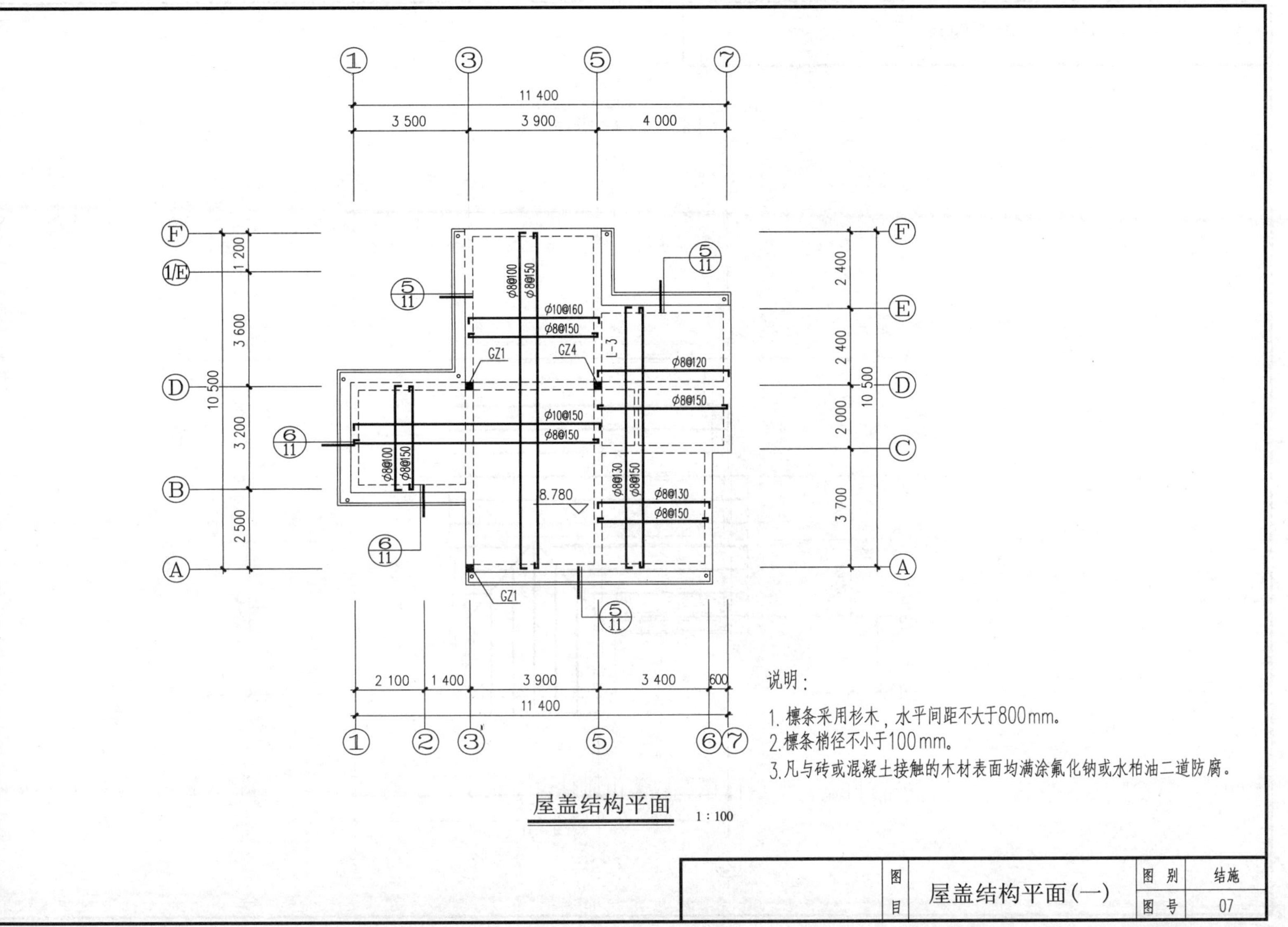

屋盖结构平面 1:100

说明：

1. 檩条采用杉木，水平间距不大于800mm。
2. 檩条梢径不小于100mm。
3. 凡与砖或混凝土接触的木材表面均满涂氟化钠或水柏油二道防腐。

图目	屋盖结构平面(一)	图别	结施
		图号	07

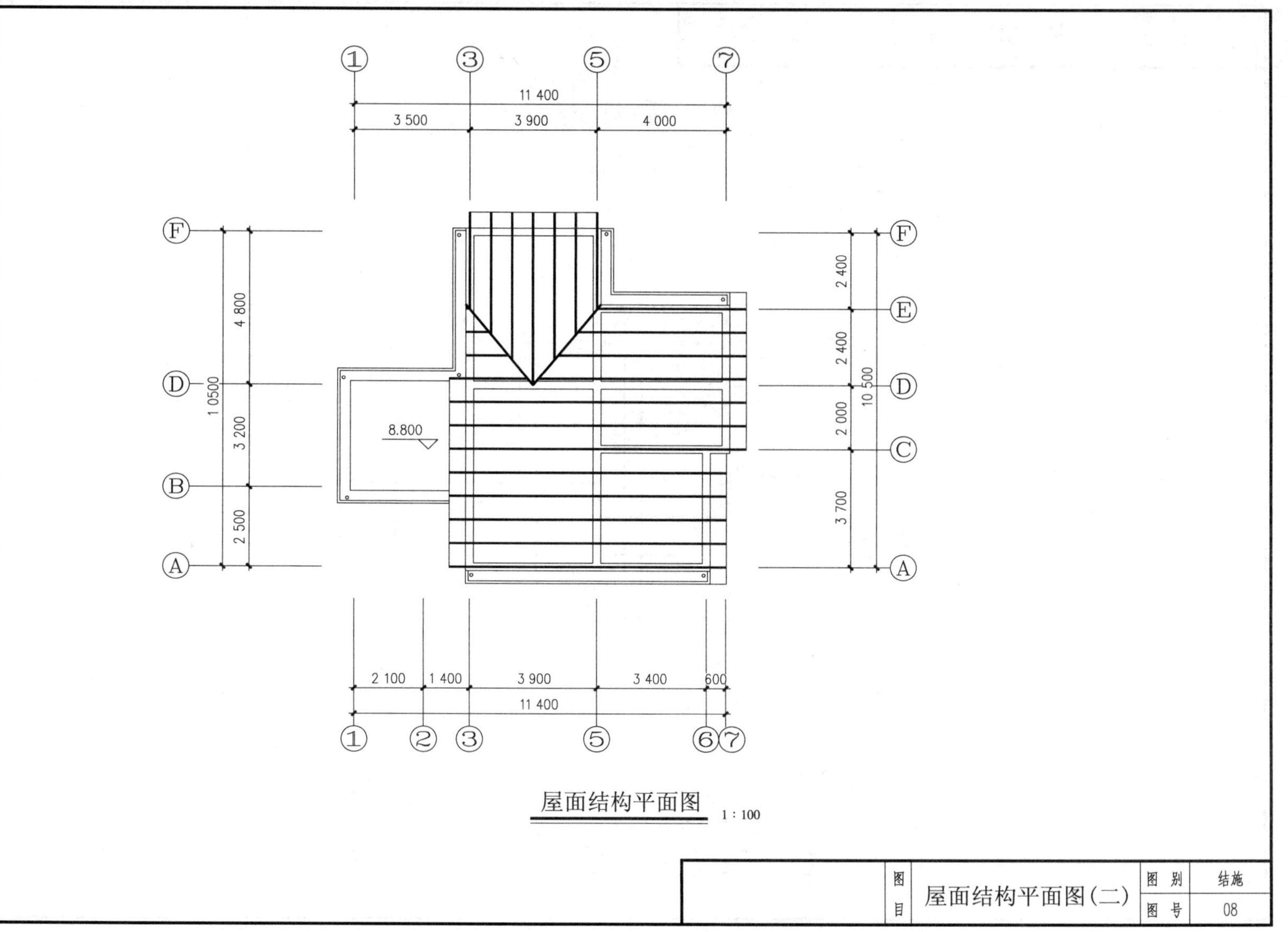

11 400
3 500
3 900
4 000
4 800
3 200
2 500
1 0500
8.800
2 400
2 400
2 000
3 700
10 500
2 100
1 400
3 900
3 400
600
11 400
屋面结构平面图
1:100
图目 屋面结构平面图（二）
图别 结施
图号 08

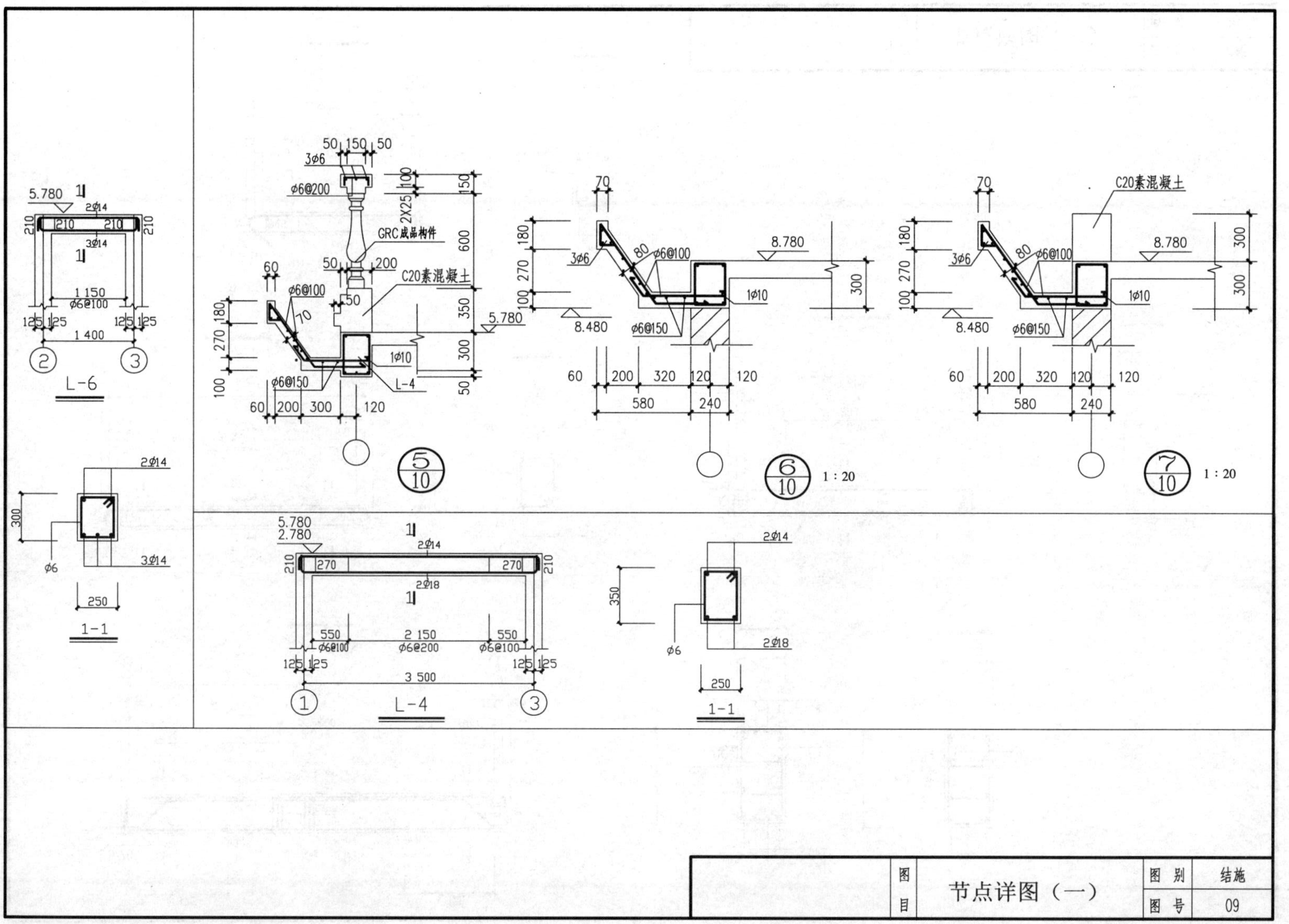

L-6
1-1
GRC成品构件
C20素混凝土
L-4
5/10
6/10 1:20
7/10 1:20
节点详图（一）
图别 结施
图号 09

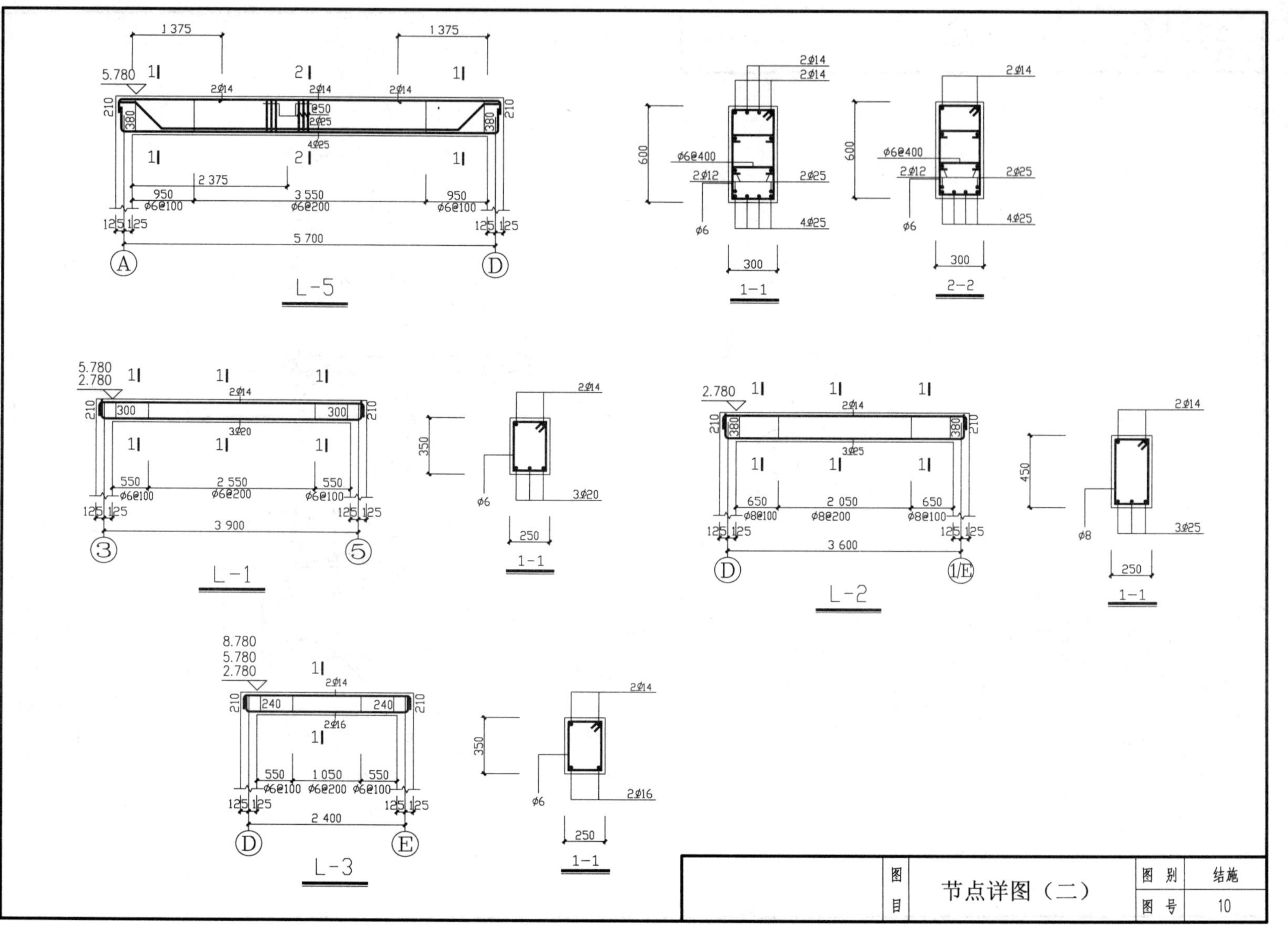
L-5
1-1
2-2
L-1
L-2
L-3
图目 节点详图（二）
图别 结施
图号 10

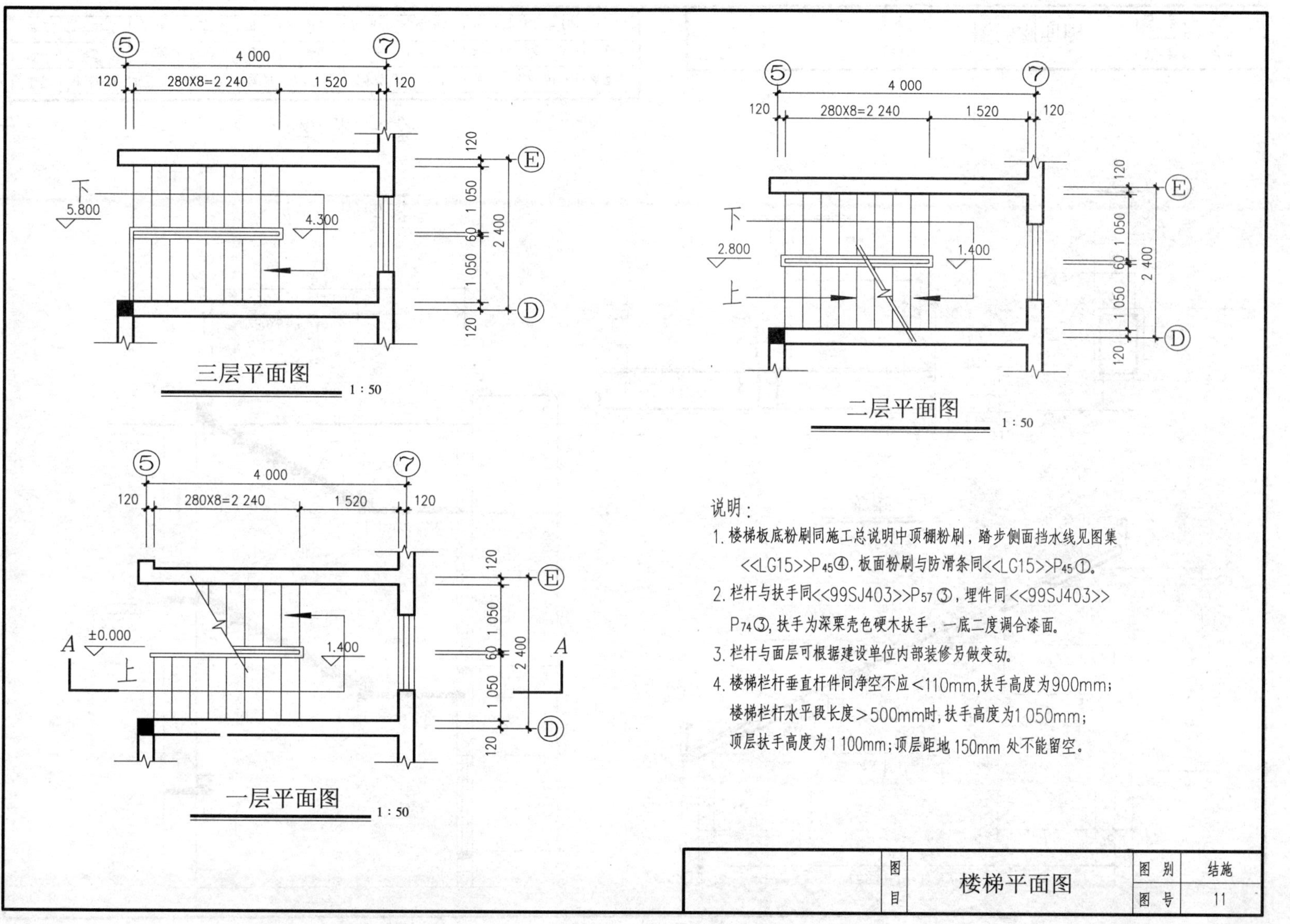
⑤
⑦
4 000
120
280X8=2 240
1 520
120
120
1 050
60
1 050
120
2 400
E
D
下
5.800
4.300
三层平面图
1：50
二层平面图
1：50
2.800
1.400
上
一层平面图
1：50
A
±0.000
1.400
说明：
1. 楼梯板底粉刷同施工总说明中顶棚粉刷，踏步侧面挡水线见图集<<LG15>>P45④，板面粉刷与防滑条同<<LG15>>P45①。
2. 栏杆与扶手同<<99SJ403>>P57③，埋件同<<99SJ403>>P74③，扶手为深栗壳色硬木扶手，一底二度调合漆面。
3. 栏杆与面层可根据建设单位内部装修另做变动。
4. 楼梯栏杆垂直杆件间净空不应<110mm，扶手高度为900mm；楼梯栏杆水平段长度>500mm时，扶手高度为1 050mm；顶层扶手高度为1 100mm；顶层距地150mm处不能留空。
图目
楼梯平面图
图别
结施
图号
11

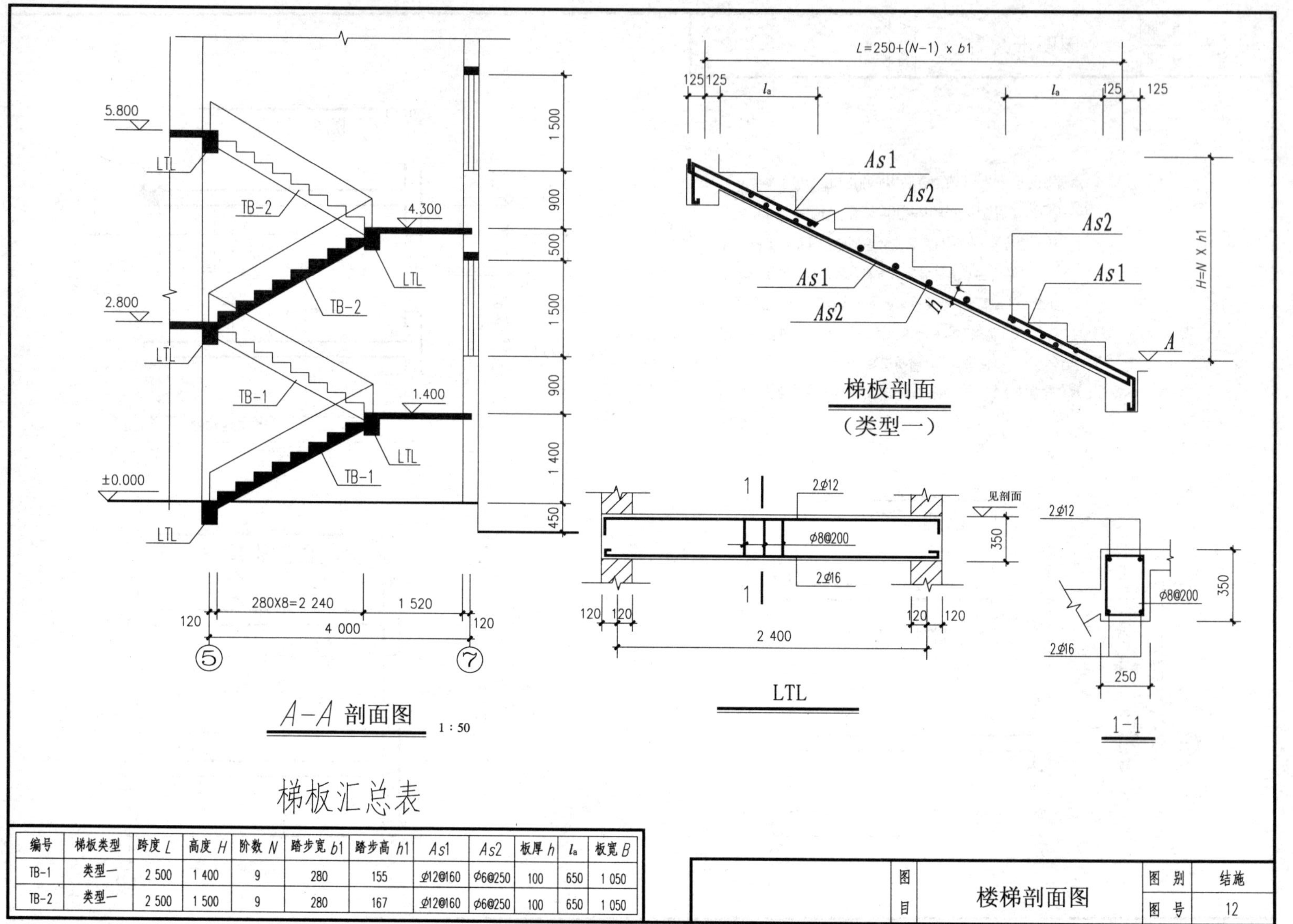

梯板汇总表

编号	梯板类型	跨度 L	高度 H	阶数 N	踏步宽 $b1$	踏步高 $h1$	$As1$	$As2$	板厚 h	l_a	板宽 B
TB-1	类型一	2 500	1 400	9	280	155	⌀12@160	⌀6@250	100	650	1 050
TB-2	类型一	2 500	1 500	9	280	167	⌀12@160	⌀6@250	100	650	1 050

图目	楼梯剖面图	图别	结施
		图号	12

附录二　某框架结构工程填充墙部分图纸节选

建筑设计说明——墙体工程

1. 墙体基础部分及钢筋混凝土墙、柱及梁详结施，应做好隐蔽工程的记录与验收。

2. 主要填充墙体类别、厚度及使用部位见下表1。

填充墙体类别、厚度及使用部位说明　　表1

砌体名称	墙体厚度(mm)	使用部位	备　注
页岩多孔砖	200	女儿墙(机房层)厨房、卫生间隔墙(1.5m以下)	各种墙体具体部位及厚度详见平面图
页岩多孔砖	200	内分隔墙、外墙(机房层)厨房、卫生间隔墙(1.5m以上)	
页岩多孔砖	200	电梯井道	

3. 填充墙体 ±0.000 标高以上采用 M5 混合砂浆砌筑，±0.000 标高以下采用 M5 水泥砂浆砌筑。

4. 钢筋混凝土和砌体材料的交接处内外均加铺 300mm 宽，ϕ0.8 的 9mm × 25mm 孔钢丝网。

5. 外墙水泥砂浆内掺改良性聚丙烯纤维(纤维长度为6.5mm，渗量为0.9kg/m^3)。

6. 墙体的拉接，构造柱的设置，门窗洞口的构造措施详见西南05G701《框架轻质填充墙构造图集》(四)设置，填充墙应沿框架柱全高每隔500mm设2ϕ6拉筋，拉筋伸入墙内的长度应大于墙长的1/5且不小于700mm。墙长大于5m时，墙顶与梁应有拉结；填充墙高大于4m时，墙体半高处应设与柱连接且沿墙全长贯通的钢筋混凝土水平系梁，高度为180mm，厚度同墙厚，内配主筋4ϕ14，箍筋ϕ6@250，用C25混凝土浇筑。

7. 厨房、卫生间周边墙体下部(门洞除外)需做200mm高同墙厚的C20细石混凝土墙带，再砌筑墙体。各层内外墙在砌筑多孔砖或空心砖时，下面先砌三皮页岩实心砖。

8. 各种管井、通风井内壁应随砌随抹平滑。

9. 门垛未注明处皆为100mm宽。与剪力墙及钢筋混凝土墙、柱连接的墙垛长度≤100mm时，强度等级相同的混凝土一同浇筑。

10. 砌体女儿墙高于500mm或女儿墙上设有防护栏杆时需设置构造柱，其位置、间距、配筋及混凝土强度等级详见结构施工设计说明。

11. 墙体管道留洞凡预留在钢筋混凝土构件上的孔洞，均核对各专业图纸，无误后方可施工。设备各专业所需的≤ϕ300或≤300mm×300mm的预留孔洞建施和结施图中均未标注，施工过程中土建与安装应密切配合，按设备各专业施工图要求预留孔洞或预埋套管。部分设备箱体留洞见下表2。

消火栓箱留洞尺寸　　表2

	宽(mm)	高(mm)	嵌入式深(mm)	洞底距地(mm)
单栓消火栓	650	2 000(1 000)	150	100(760)
双栓消火栓	750	2 000(1 000)	150	100(760)

12. 地下室有管道穿越的墙体应先砌至梁底1 000mm处，待各种管道安装完毕后，再砌筑密实，四周缝隙用C20细石混凝土填实。

13. 墙体留洞及封堵：

(1)墙体预留洞见各相关专业图纸，砌筑墙体预留洞过梁见结构设计说明；

(2)砌筑墙留洞待管道设备安装完毕后，用 C20 细石混凝土填实。

14. 产生噪声的空调机房墙体及顶棚需进行吸声处理，具体做法详见工程做法表。

结构设计说明

——砌体与混凝土墙、柱的连接及圈梁、过梁、构造柱的要求

1. 与后砌隔墙连接的钢筋混凝土墙柱，应配合建筑图在墙体位置，按墙的构造要求预留窗台板、过梁、圈梁钢筋，还应沿混凝土墙柱高每隔 500mm 设置 2ϕ6. 5 的墙体拉结筋。

2. 与圈、过梁连接的钢筋混凝土柱、墙，应于圈梁纵向钢筋处预埋插筋，锚入柱、墙内不小于 35d，伸出柱外不小于 700mm，并与圈、过梁钢筋搭接，如图 1 所示（位置及标高参见有关专业图纸）。

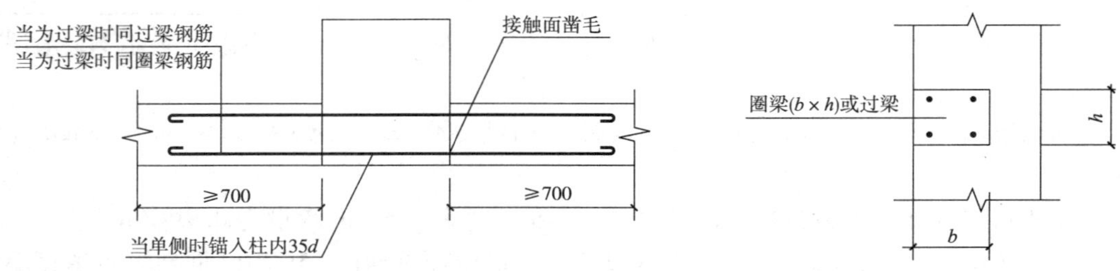

图 1　圈梁或过梁与钢筋混凝土柱、墙间的锚固（尺寸单位：mm）

3. 所有隔墙当墙高大于 3. 60m 时，应在门窗顶或墙高中部设圈梁一道。在墙洞顶处的圈梁截面及配筋不应小于与洞口相应的过梁；圈梁宽度同墙厚，圈梁高 120mm，除洞口代替过梁的圈梁外，配筋 4ϕ10、ϕ6. 5@ 200。隔墙砌筑尚应符合相应标准图集的要求。

4. 后砌隔墙应沿墙高每隔 500mm 配 2ϕ6. 5 的水平钢筋与其两端相交墙体拉结牢固，并沿墙高设置，如图 2 所示。

5. 后砌隔墙顶部应与梁或板等构件拉结：砌墙时用不低于 M5 混合砂浆分层填实，如图 3 所示。

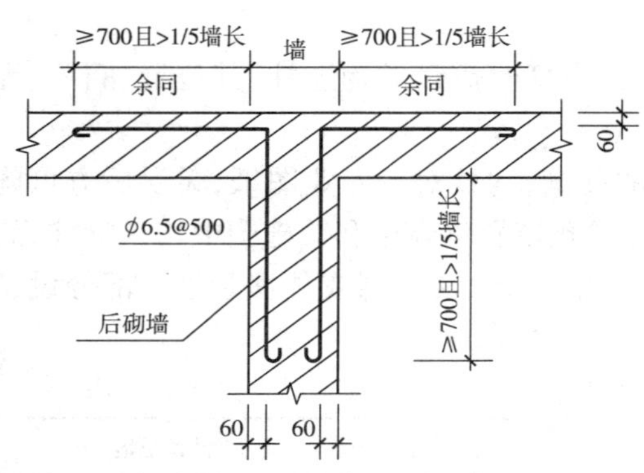

图 2　后砌墙中水平钢筋设置做法（尺寸单位：mm）

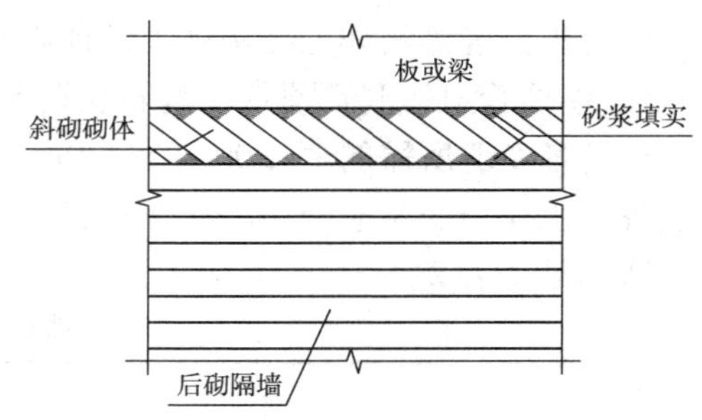

图 3　后砌墙砌至梁底或板底做法

6. 门、窗框处墙体的要求：轻质墙体门窗洞口边除施工图中注明外，应按有关标准和图集规定要求设置钢筋混凝土边框或构造柱或金属抱框（采用金属抱框时应与建筑专业协调）。本工程所有门窗洞口大于 2. 0m 时均应在门洞两侧设置构造柱，强度等级为 C20（按图 4 构

造）；当洞口小于2.0m时，可在门洞两侧设置钢筋混凝土边框，其做法按西南05G701（四）《框架轻质填充墙构造图集》第29页6大样。

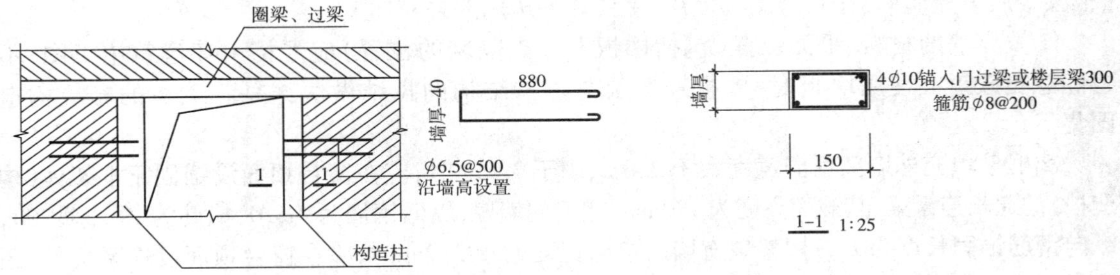

图4 门洞口构造柱做法（尺寸单位：mm）

7.门窗过梁：墙砌体上门窗洞口应设置钢筋混凝土过梁（表1）；当洞口上方有承重梁通过，且该梁底标高与门窗洞顶距离过近，放不下过梁时，可直接在梁下挂板，见图5。

过梁表（混凝土强度等级C20） 表1

L	截面形式	a	h	①	②	③
<1 000	A	120	240	2ϕ10	—	ϕ6.5@150
1 000<L<1 500	A	120	240	2ϕ12	—	ϕ6.5@150
1 500<L<1 800	B	150	240	3ϕ12	2ϕ8	ϕ8@200
1 800<L<2 400	B	180	240	3ϕ14	2ϕ10	ϕ8@200
2 400<L<3 000	B	240	350	3ϕ16	2ϕ10	ϕ8@150

注：荷载仅考虑L/3高度墙体自重，当超过或梁上作用有其他荷载时，应另行计算。

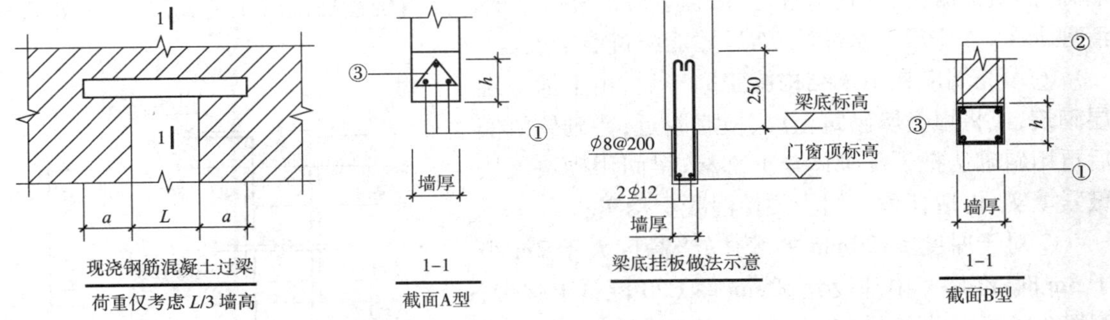

图5 门窗过梁或梁底挂板做法（尺寸单位：mm）

8.填充墙其他要求

（1）填充墙。地下室：内隔墙采用页岩空心砖砌体，与室外土壤接触部分的填充墙采用240mm厚页岩标砖砌筑。地面以上：外墙采用页岩多孔砖，内墙采用KF型页岩空心砖，墙厚详建施，M5混合砂浆砌筑，仅厨卫间100mm厚墙体1m以下采用页岩实心砖；组合砌体重度：页岩多孔砖≤15kN/m³；KF型页岩空心砖≤9kN/m³；页岩实心砖≤19kN/m³。

本工程砌筑砂浆应根据当地建设行政主管部门的规定是否采用预拌砂浆，其质量和应用必须符合《商品砂浆生产与应用技术规程》（DG/TJ 08-502—2006）的规定；当地建设行政主管部门无规定时，允许采用现场拌制砂浆。

电梯井周边墙体采用200mm厚MU10页岩实心砖，M7.5混合砂浆。

圈梁的设置详电梯图，断面为200mm×300mm，4ϕ12，ϕ6.5@200。

（2）框架填充墙与框架柱，构造柱的连接构造和窗间墙的稳定措施配合西南05G701（四）《框架轻质填充墙构造图集》图集使用，主要详图选用并补充如下：

①填充墙的材料、平面位置（包括楼板上后砌隔墙的位置）应严格遵守建筑施工图，不得随意更改。当使用墙板时，墙板构造及与主体结构的拉结做法详见各墙板的相应构造图集。

②框架填充外墙门窗洞宽度大于2.0m、小于3.0m时，应在窗台顶面设锚固于框架柱（构造柱）的通长连系梁，其截面高度为120mm，宽度同墙厚，纵向钢筋为4ϕ10，箍筋为ϕ6.5@200，纵向钢筋锚固长度为L_{aE}；框架填充墙门窗洞宽度大于3.0m时，除在窗台顶面设连系梁外，还应在窗裙墙中部设置构造柱，其间距不应大于2.5m，构造柱截面为200mm×墙厚，纵筋为4ϕ10，箍筋为ϕ6.5@150，构造柱纵向钢筋锚入框架梁和连系梁内长度为L_{aE}。

③墙长大于5.0m时，墙顶部应与梁拉接，参见02SG614《框架结构填充小型空心砌块墙体结构构造》第15页。墙长超过两倍层高时在墙中部设构造柱，电梯井四角均设构造柱，构造柱为200mm×墙厚，4ϕ12，ϕ6.5@200；墙高大于4.0m时，在墙高中部或窗台设构造柱。窗洞顶或门洞顶处设置与柱连接的通长混凝土水平连系梁，连系梁截面配筋同②项。连系梁兼作过梁时，应在洞口上方按现浇过梁表确定截面和配筋。

④女儿墙做法详见西南05G701（四）《框架轻质填充墙构造图集》，构造柱间距不大于2.0m。转角处必设。

⑤构造柱必须与梁柱板连接牢固。构造柱上下端楼层处600mm高度范围内，箍筋间距加密到100mm。

构造柱与楼面相交处在施工楼面时应留出相应插筋，见图6。构造柱钢筋绑完后，应先砌墙，后浇筑混凝土，在构造柱处，墙体中应留好拉结筋。浇筑构造柱混凝土前，应将柱根处杂物清理干净，并用压力水冲洗，然后才能浇筑混凝土。

⑥填充墙应在主体结构施工完毕后，由上而下逐层砌筑，或将填充墙砌筑至梁、板底附近，待砌体沉实后再用斜砌法把下部砌体与上部板、梁间用砌块逐块敲紧填实，构造柱顶采用干硬性混凝土捻实。

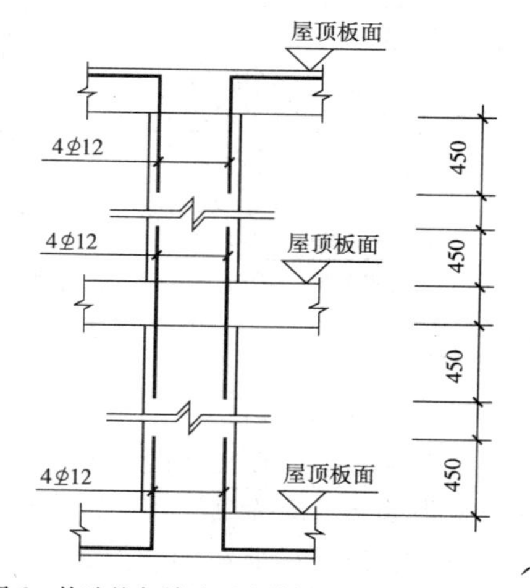

图6　构造柱与楼地面连接做法（尺寸单位：mm）

⑦对于厚度≤120mm的墙体，当高度大于2m小于3m时，在墙体中部设置60mm厚C20混凝土腰带，配置2ϕ6.5的纵筋，拉筋为ϕ6.5@300。

⑧所有构造柱及连系梁均应后浇，构造柱的布置除详建施外，还应遵循本说明和西南05G701（四）《框架轻质填充墙构造图集》。

⑨各层楼梯间墙体应在休息平台或楼层半高处设置60mm厚的钢筋混凝土带，纵向钢筋不应少于2ϕ12。

⑩楼梯段上下端对应墙体处应设置构造柱，即楼梯段上下端梯梁处均应设构造柱。

⑪砌体墙应按照所选图集的构造措施执行，当图集与施工图有出入时，应根据更严格的要求执行。

图例：

钢筋混凝土剪力墙及钢筋混凝土构件	▬	200mm厚页岩空心砖（多孔砖）	═
消火栓	◩	10mm厚页岩空心砖（实心砖）	≡

说明：

1. 钢筋混凝土墙体，柱子尺寸及定位详见结施图。
2. 未标注墙体为 200mm 厚，且均轴线居中。
3. 门垛除图中特殊标注及靠柱边不留门垛外，未注明门垛的尺寸均为 100mm。
4. *H*为楼地面建筑完成面标高。
5. 凡窗台高度小于 900mm的窗，均加设护窗栏杆，栏杆净高不小于 1 100mm，做法详见西南 04J412-1b/53。
6. 构造柱布置除本图注明外，还应按西南05G701(四)《框架轻质填充墙构造图集》设置，西南03G329-1《建筑物抗震构造详图》。
7. 管道井、门洞除注明者外，均预留200mm高的门槛。
8. 排水立管尺寸及地漏定位以水施为准，此平面图仅示意阳台排水及地漏设置，卫生间地漏详见卫生间大样图。
9. 核心筒、楼梯间及前室风井预留洞口详见核心筒及楼梯间大样图，设备预留洞口应与土建施工图和设备施工图相互对照，以免出错，不得事后凿墙打洞。

标准层建筑平面图（部分截图）

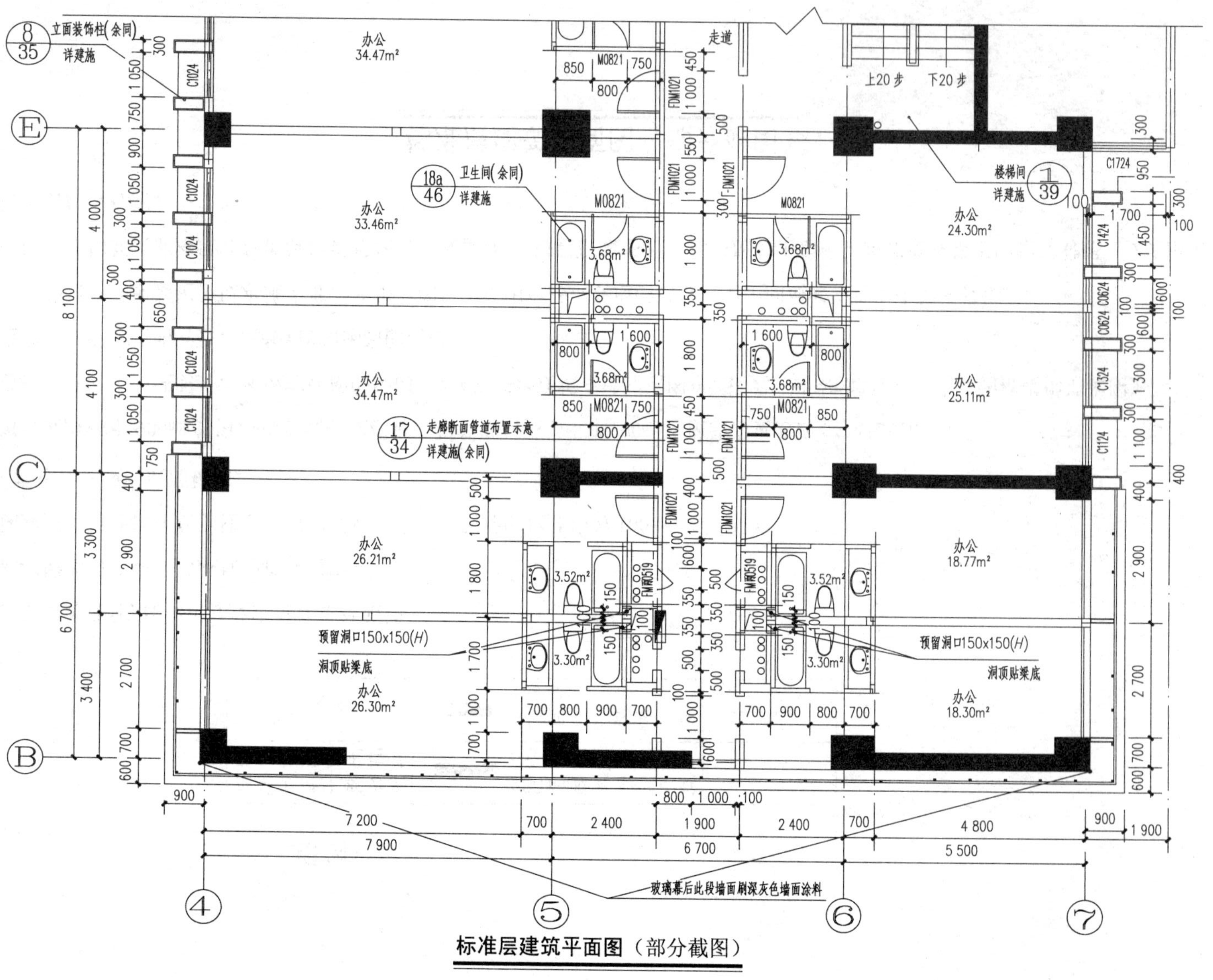

标准层建筑平面图（部分截图）

参考文献

[1] 中华人民共和国国家标准 GB 50300—2001　建筑工程施工质量验收统一标准[S]. 北京:中国建筑工业出版社,2001.

[2] 中华人民共和国国家标准 GB 50203—2002　砌体工程施工质量验收规范[S]. 北京:中国计划出版社,2002.

[3] 中国建筑标准设计院. 06SG614—1　砌体填充墙结构构造[S]. 北京:中国建筑工业出版社,2003.

[4] 中国建筑工业出版社. 建筑施工手册[M]. 北京:中国建筑工业出版社,2003.

[5] 中华人民共和国行业标准 JGJ 59—1999　建筑施工安全检查标准[S]. 北京:中国建筑工业出版社,1999.

[6] 中华人民共和国行业标准 JGJ 130—2001　建筑施工扣件式钢管脚手架安全技术规范[S]. 北京:中国建筑工业出版,2001.

[7] 中华人民共和国行业标准 JGJ 80—1991　建筑施工高处作业安全技术规范[S]. 北京:中国计划出版社,1992.

[8] 四川省建设工程质量安全监督总站. 建筑工程施工质量验收规范实施指南[M]. 成都:西南交通大学出版社,2003.

[9] 中国建筑工程总公司. 建筑砌体工程施工工艺标准[M]. 北京:中国建筑工业出版社,2003.

[10] 中国建设标准设计研究院. 02SG614　框架结构填充小型空心砌块墙体结构构造[S]. 北京:中国计划出版社,2006.

[11] 西南五省建设厅西南 05G701(一) 框架轻质填充墙构造图集(第一分册 加气混凝土填充墙)[S]. 成都:西南地区建筑标准,2005.

[12] 西南五省建设厅西南 05G701(二) 框架轻质填充墙构造图集(第二分册 轻集料混凝土小型空心砌块填充墙)[S]. 成都:西南地区建筑标准,2005.

[13] 西南五省建设厅西南 05G701(四) 框架轻质填充墙构造图集(第四分册 烧结空心砖填充墙)[S]. 成都:西南地区建筑标准,2005.

公路工程现行标准、规范、规程、指南一览表

序号	类别		编　号	书名(书号)	定价(元)
1	基础		JTJ 002—87	公路工程名词术语(0346)	22.00
2			JTJ 003—86	公路自然区划标准(0348)	16.00
3			JTJ/T 0901—98	1：1000000 数字交通图分类与图示规范(0242)	78.00
4			JTG B01—2003	公路工程技术标准(04957)	28.00
5			JTJ 004—89	公路工程抗震设计规范(0347)	15.00
6			JTG/T B02-01—2008	公路桥梁抗震设计细则(1228)	35.00
7			JTG B03—2006	公路建设项目环境影响评价规范(0927)	26.00
8			JTG B04—2010	公路环境保护设计规范(08473)	28.00
9			JTG/T B05—2004	公路项目安全性评价指南(0784)	18.00
10			JTG B06—2007	公路工程基本建设项目概算预算编制办法(06903)	26.00
11			JTG/T B06-01—2007	公路工程概算定额(06901)	110.00
12			JTG/T B06-02—2007	公路工程预算定额(06902)	138.00
13			JTG/T B06-03—2007	公路工程机械台班费用定额(06900)	24.00
14			交通部定额站 2009 版	公路工程施工定额(07864)	78.00
15			JTG/T B07-01—2006	公路工程混凝土结构防腐蚀技术规范(0973)	16.00
16			交通部 2007 年第 30 号	国家高速公路网相关标志更换工作实施技术指南(1124)	58.00
17			交通部 2007 年第 35 号	收费公路联网收费技术要求(1126)	62.00
18	勘测		JTG C10—2007	公路勘测规范(06570)	28.00
19			JTG/T C10—2007	公路勘测细则(06572)	42.00
20			JTJ 064—98	公路工程地质勘察规范(0220)	28.00
21			JTG/T C21-01—2005	公路工程地质遥感勘察规范(0839)	17.00
22			JTG C30—2002	公路工程水文勘测设计规范(0604)	22.00
23			JTG/T C22—2009	公路工程物探规程(1311)	28.00
24	设计	公路	JTG D20—2006	公路路线设计规范(0996)	38.00
25			JTG D30—2004	公路路基设计规范(05326)	48.00
26			JTG/T D31—2008	沙漠地区公路设计与施工指南(1206)	32.00
27			JTG D40—2002	公路水泥混凝土路面设计规范(04621)	26.00
28			JTG D50—2006	公路沥青路面设计规范(06248)	36.00
29			JTJ 018—97	公路排水设计规范(0147)	12.00
30			JTJ/T 019—98	公路土工合成材料应用技术规范(0218)	12.00
31		桥隧	JTG D60—2004	公路桥涵设计通用规范(05068)	24.00
32			JTG/T D60-01—2004	公路桥梁抗风设计规范(0814)	28.00
33			JTG/T D65-01—2007	公路斜拉桥设计细则(1125)	28.00
34			JTG D61—2005	公路圬工桥涵设计规范(0887)	19.00
35			JTG D62—2004	公路钢筋混凝土及预应力混凝土桥涵设计规范(05052)	48.00
36			JTG D63—2007	公路桥涵地基与基础设计规范(06892)	48.00
37			JTJ 025—86	公路桥涵钢结构及木结构设计规范(0176)	20.00
38			JTG/T D65-04—2007	公路涵洞设计细则(06628)	26.00
39			JTG D70—2004	公路隧道设计规范(05180)	50.00
40			JTG/T D70—2010	公路隧道设计细则(08478)	66.00
41			JTJ 026.1—1999	公路隧道通风照明设计规范(0397)	16.00
42			JTG/T D71—2004	公路隧道交通工程设计规范(0810)	26.00
43		交通	JTG D80—2006	高速公路交通工程及沿线设施设计通用规范(0998)	25.00
44			JTG D81—2006	公路交通安全设施设计规范(0977)	25.00
45			JTG/T D81—2006	公路交通安全设施设计细则(0997)	35.00
46			JTG D82—2009	公路交通标志和标线设置规范(07947)	116.00
47		综合	交公路发〔2007〕358 号	公路工程基本建设项目设计文件编制办法(06746)	26.00
48			交公路发〔2007〕358 号	公路工程基本建设项目设计文件图表示例(06770)	600.00

续上表

序号	类别		编号	书名(书号)	定价(元)
49	检测		JTG E40—2007	公路土工试验规程(06794)	79.00
50			JTJ 052—2000	公路工程沥青及沥青混合料试验规程(0429)	40.00
51			JTG E30—2005	公路工程水泥及水泥混凝土试验规程(0830)	32.00
52			JTG E41—2005	公路工程岩石试验规程(0828)	18.00
53			JTJ 056—84	公路工程水质分析操作规程(02971)	8.00
54			JTG E42—2005	公路工程集料试验规程(0829)	30.00
55			JTG E50—2006	公路工程土工合成材料试验规程(0982)	28.00
56			JTG E51—2009	公路工程无机结合料稳定材料试验规程(08046)	48.00
57			JTG E60—2008	公路路基路面现场测试规程(07296)	38.00
58	施工	公路	JTG F10—2006	公路路基施工技术规范(06221)	40.00
59			JTJ 034—2000	公路路面基层施工技术规范(0431)	20.00
60			JTG F30—2003	公路水泥混凝土路面施工技术规范(04622)	46.00
61			JTJ 037.1—2000	公路水泥混凝土路面滑模施工技术规程(0425)	16.00
62			JTG F40—2004	公路沥青路面施工技术规范(05328)	38.00
63			JTG F41—2008	公路沥青路面再生技术规范(07105)	25.00
64		桥隧	JTJ 041—2000	公路桥涵施工技术规范(03770)	52.00
65			JTG/T F81-01—2004	公路工程基桩动测技术规程(0783)	20.00
66			JTG F60—2009	公路隧道施工技术规范(07992)	42.00
67			JTG/T F60—2009	公路隧道施工技术细则(07991)	58.00
68		交通	JTG F71—2006	公路交通安全设施施工技术规范(0976)	20.00
69			JTG/T F83-01—2004	高速公路护栏安全性能评价标准(0809)	15.00
70	质检安全		JTG F80/1—2004	公路工程质量检验评定标准 第一册 (土建工程)(05327)	46.00
71			JTG F80/2—2004	公路工程质量检验评定标准 第二册 (机电工程)(05325)	26.00
72			JTG G10—2006	公路工程施工监理规范(06267)	20.00
73			JTJ 076—95	公路工程施工安全技术规程(0049)	12.00
74	养护管理		JTG H10—2009	公路养护技术规范(08071)	49.00
75			JTJ 073.1—2001	公路水泥混凝土路面养护技术规范(0520)	12.00
76			JTJ 073.2—2001	公路沥青路面养护技术规范(0551)	13.00
77			JTG H11—2004	公路桥涵养护规范(05025)	30.00
78			JTG H12—2003	公路隧道养护技术规范(0695)	26.00
79			JTG H20—2007	公路技术状况评定标准(1140)	15.00
80			JTG H30—2004	公路养护安全作业规程(05154)	36.00
81			JTG H40—2002	公路养护工程预算编制导则(0641)	9.00
82	加固设计与施工		JTG/T J22—2008	公路桥梁加固设计规范(07380)	52.00
83			JTG/T J23—2008	公路桥梁加固施工技术规范(07378)	30.00
1	技术指南		中建标公路[2002]1 号	公路沥青玛蹄脂碎石路面技术指南(0634)	20.00
2			交公便字[2005]330 号	公路机电系统维护技术指南(0922)	30.00
3			交公便字[2006]02 号	公路工程水泥混凝土外加剂与掺合料应用技术指南(0925)	50.00
4			交公便字[2005]329 号	微表处和稀浆封层技术指南(0920)	18.00
5			交公便字[2005]329 号	公路冲击碾压应用技术指南(0921)	15.00
6			交公便字[2006]02 号	公路工程抗冻设计与施工技术指南(0926)	26.00
7			厅公路字[2006]418 号	公路安全保障工程实施技术指南(1034)	40.00
8			交公便字[2006]02 号	公路土钉支护技术指南(0995)	22.00
9			交公便字[2006]274 号	公路钢箱梁桥面铺装设计与施工技术指南(1008)	25.00
10			交公便字[2006]243 号	盐渍土地区公路设计与施工指南(1006)	20.00
11				横张预应力混凝土桥梁设计施工指南(0831)	15.00
12			2008 年第 25 号公告	汶川地震灾后公路恢复重建技术指南(1246)	10.00
13			交公便字[2009]145 号	公路交通标志和标线设置手册(07990)	165.00

注:JTG——公路工程行业标准体系;JTG/T——公路工程行业推荐性标准体系;JTJ——仍在执行的公路工程原行业标准体系。